中国ビジネスに関わる人のための

反スパイ法・スパイ罪 入門

村尾龍雄
MURAO TATSUO

幻冬舎MC

中国ビジネスに関わる人のための

「反スパイ法・スパイ罪」入門

はじめに

日本のビジネスマンが中国でスパイ容疑をかけられ、拘束されるケースが相次いでいます。2023年3月、中国・北京で大手製薬会社中国法人の男性社員がスパイ容疑で拘束され、その後逮捕されたことは、メディアで大きく取り上げられ、政府、経済界をはじめ、日本国内に衝撃が走りました。

中国では2014年に反スパイ法が制定されて以降、報道されているだけでも20人近くの日本人が中国当局に拘束され、10年を超える実刑判決が出たケースもあります。なぜ逮捕されたのかが明確にされず、長期間拘束されたまま帰国できない事態が相次いでいることに、中国に拠点を置く日系企業関係者や日本にいる家族には不安と動揺が広がっています。

日本にとって最大の貿易相手国である中国には、仕事などで滞在している日本人が10万人以上おり、社員の安全やリスク回避のために、中国からの撤退を検討し、進出を取りやめる日本企業も増えています。

私は、日本国内23カ所のほか、北京、上海、香港など海外9カ所に拠点を有するアジア渉外業務を主に取り扱う専門家グループのCEOを務め、日本企業のアジア進出のサポートや中国事業に関わる法務、会計、税務のコンサルティングで30年近い実績があります。

スパイに関する規制法として、中国には反スパイ法と、刑法のスパイ罪があります。反スパイ法は行政罰、刑法のスパイ罪は刑事罰が科せられる法律ですが、中国での企業活動の何が抵触するのか、罰則が科せられる要件は何か、容疑をかけられたり拘束・逮捕されたりといったリスクを回避するためにはどう行動すればよいのか、2つの法律についてしっかりと理解することが重要です。


本書では中国で反スパイ法、スパイ罪という概念が出てきた歴史的背景や、現代の習近平政権下での人権思想にも触れながら、日本人がスパイ容疑で拘束・逮捕されないために理解しておくべき正しい知識について、余すことなく解説していきます。

一人でも多くの人が、安心かつ安全に中国でビジネスを行えるよう、この書籍が一助になれば幸いです。

なお、本書は中国ビジネスに関わる日本人、日本企業が日本において反スパイ法、スパイ罪に関する学習をする前提で執筆しています。したがって、本書を中国に持参して当該学習の素材とすることは推奨しません。本書の企業研修目的での利用は日本国内のみとすることが最善です。

目次

第2章
改正「反スパイ法」とは何か

第3章

「刑法」が規定するスパイ罪とは何か

第4章

スパイと疑われないためにはどうすればいいのか

第5章

スパイ罪が成立して処罰された事例10

第1章

なぜ、中国における「スパイ罪」の身柄拘束者が続出しているのか

中国での身柄拘束を日本人も外国人も予測できていない

20人近くもの邦人がスパイ罪で身柄拘束されている

２０１７年3月に、千葉県の地質調査会社の日本人社員６人が中国で地質調査をしていたところ、中国の測量法違反・国家安全法違反と刑法のスパイ罪の容疑で、山東省と海南省で中国当局に身柄を拘束され、その後そのうち２人が逮捕・起訴されて１人が懲役5年6カ月、もう１人が懲役15年の実刑判決を受けました（２０１７年12月24日付産経新聞・２０１９年5月21日付日経新聞より）。

ここ10年ほどの間に、中国で日本人や外国人がスパイ行為をした疑いをかけられ、続々と身柄を拘束されるようになっており、インターネットで「中国　拘束」と検索するとさまざまな事案が出てきます。特に目立つのが、刑法のスパイ罪での身柄拘束事例です。中国本土で何の前触れもなく身柄を拘束され、その後有罪判決を受け、10年以上の長期にわたり服役させられているケースも珍しくありません。

中国では、毛沢東が主席だった時代から地理情報は国の重大機密とされてきました。そうした歴史的背景から、当局の許可なく違法測量を行う者に対し、スパイとして身柄を拘束しているのです。他の日本人も、過去に違法測量を行った疑いで身柄拘束された方が数人います。

２０１９年9月には、中国近現代史が専門で、防衛省防衛研究所や外務省に勤務した経験を持つ大学の教授が、国家機密に関わる資料を集めていたことを理由として北京市内のホテルで身柄を拘束されました。その後逮捕されたものの、11月の取調べで容疑を認めていたこと、反省の意思を表示する手続きに応じたことを理由に「保釈」という形で釈放されました。この教授の事例は、当時首相だった安倍晋三氏（故人）が王岐山国家副主席や李克強首相に繰り返し直接解放を求めていたことと、この時期に習近平国家主席の来日を控えていたこともあり、早期釈放が実現した稀有な事例です（２０１９年11月15日付朝日新聞より）。

直近では、ある製薬会社の中国法人に駐在していた幹部社員の男性が２０２３年3月に北京で中国当局に身柄を拘束されました。この男性は香港や北京で駐在員を長く経験しているスペシャリストで、日系企業の団体の副会長や同団体のライフサイエンスグループのリーダーも務めていたそうです。4年にわたる2度目の北京での駐在員生活を終えて近日中に帰国することが決まっていましたが、その直前に拘束されたと伝えられています（２０２３年3月28日付東洋経済オンラインより）。その後同年10月中旬に正式に逮捕されたといわれていますが、２０２４年5月現在、その後の報道はありません。

日本人以外の外国人も多数身柄を拘束されている

中国本土では、日本人以外の外国人も多数身柄を拘束されています。２０１３年、イギリスの製薬会社から委託を受けて調査を行ったコンサルティング会社の英国人と米国籍の妻が中国公民の個人情報を不正に取得した疑いで身柄を拘束されました。報道によると、翌年2014年8月にそれぞれ懲役2年6カ月と罰金20万元（当時のレートで約330万円）、2年の懲役と罰金15万元（約250万円）の判決を受けたそうです（2014年8月9日付AFP BB Newsより）。

カナダ人の元外交官や実業家が身柄を拘束され、実刑判決を受けた事例もあります。元外交官が実業家に北朝鮮に関する機微情報を提供し、関連情報をカナダ政府とUKUSA協定加盟5カ国にも提供したため、国家安全に危害を及ぼす犯罪の疑いがあるとして拘束されました。2人ともその後スパイ罪で起訴され、2021年8月に実業家には懲役11年、5万元（当時のレートで約85万円）の没収の判決が下りましたが、中国当局の発表によれば、その翌月に2人は病気を理由に保釈されたそうです。このときは直前に通信機器大手の華為技術（HUAWEI）のCFOがカナダ当局に身柄を拘束されて保釈されたため、司法取引が行われたのではないかと噂されていますが、真相は定かではありません（2021年9月27日付朝日新聞より）。

香港出身で米国籍の男性がスパイ罪の疑いで身柄を拘束され、2023年5月に無期懲役の判決となった事例もあります。国家安全部によれば、その男性は1989年にアメリカへ移住し、資金提供を受けながらアメリカに在住している、または訪問した中国人の監視や、中国本土への潜入をしていたようです。また、中国高官がアメリカでの公務にあたることをつかむと、米情報機関と通謀して事前に監視装置を設置した飲食店やホテルに連れ出し、情報を引き出したりスパイ要員にスカウトしたりしたということです（2023年9月11日付TBS NEWS DIGより）。

直近では２０２４年１月に英秘密情報部（ＭＩ６）と情報協力関係を構築していた外国人がスパイ容疑で拘束されました。国家安全部によれば、この外国人は英国でインテリジェンスの研修を行ったり、スパイ用の機材を提供したりした疑いが持たれています（２０２４年１月８日付ＮＨＫ　ＮＥＷＳ　ＷＥＢより）。

アメリカが在中国の米国企業に注意喚起。中国本土への渡航の再考を呼びかけ

中国本土で外国人のスパイ容疑による身柄拘束が相次いでいることを受け、米国務省では在中国の米国企業や、米国民に向けて注意を呼びかけています。

２０１９年には、米国人が中国に渡航する際、「国家の安全」を理由に米国人が長期間尋問や拘束を受ける可能性があるとして、中国当局による恣《し》意《い》的な法執行に警戒するよう、米国務省が呼びかけました。新疆ウイグル自治区や中国チベット自治区についても、「保安検査や警官の監視といったより厳しい措置が講じられている」として注意を喚起していました。このときは、直前にカナダ当局がＨＵＡＷＥＩのＣＦＯを逮捕したことに反発した中国当局が、カナダ人２人を拘束した事件があったため、米国人も中国からの報復を受ける可能性があると米国務省が考え、このような注意喚起を行ったのではないかと見られています（２０１９年１月４日付産経新聞より）。

また、2023年6月末には、同年7月1日から中国の改正反間諜法（反スパイ法）が施行されることを受けて、同年に米国国家防諜安全保障センター（NCSC）が中国で企業活動を行う米国企業に注意喚起のための文書を発表しました。日本貿易振興機構（JETRO）の2023年7月3日付のビジネス短信によれば、反スパイ法について「スパイ行為の対象の定義を国家安全保障上の利益に関わるあらゆる文書やデータ等に拡大しているが、明確な定義をしていない」と指摘。「それによって外国の企業や記者、研究者などにとって法的リスクや不確定要素を生み出す潜在性がある」と警鐘を鳴らしました。また、「通常のビジネス活動でも、当局からスパイ行為もしくは対中制裁支援活動とみなされた場合には、罰則の対象となりうる」とも言及しています。NCSCのセンター長は、在中国の米国企業のリスクが高まっていることを受けて、米国企業幹部への説明を進めてきたものの、法の適用範囲の拡大について懸念を表明しています。また、米国務省も香港、マカオも含め中国への渡航は再考すべきとの警告文を発表しました。一方、中国の国家安全部は、2023年12月6日、WeChatの公式アカウントにおいて、「反スパイ法がビジネス環境を悪化させ、対中投資に萎縮効果をもたらしているというのは誤りである。改正によって、反スパイ法はより明確、正確、公開透明になっており、これは中国の法治の進歩を体現したものと理解するのが正しい」、「反スパイ法が対象とするのは、国の安全を害する極めて少数のスパイ行為であって、通常の商業活動は対象としておらず、中国における外国企業の投資・経営には何の影響もない。反スパイ法が商業データを国家秘密とみなしており、通常の商業情報の取得がスパイ活動とみなされる可能性があるというのは誤りである」と主張しています。

※スパイ取締りの総本山であり、全国各地の国家安全局をたばねる国家安全部は、以前は中国公民の前に現れ、さまざまなアピールをすることを一切しない「潜水艦」のような政府行政機関でした。しかし、近時はWeCahtやWeiboに公式アカウントを設けて、さまざまな情報発信をすると同時に、スパイ行為を見つけたら密告を奨励する110番に相当する番号（12339）やインターネットでの密告サービスまで設けて、中国公民に対する反スパイ教育の徹底を図り始めました。テレビ番組でもその趣旨のものが多く放映されているようです。一方でスパイ規制を強化しつつ、他方でスパイ行為に加担しない教育を徹底することで、バランスを図っているとみることができます。

「10万人に及ぶ在中邦人にも突如として同種の被害が起きるのでは」という恐怖

ここ10年ほどで日本人・外国人問わず、スパイ容疑で多くの身柄拘束者が出ている事例を紹介してきました。報道されているところによれば、身柄拘束された後、正式に逮捕・起訴され実刑判決を受けた日本人は20人近くにものぼります。少し前の記事になりますが、2023年11月16日付の東洋経済オンラインの記事によれば、そのうち5人がいまだに拘束中・服役中で帰国できていません。

しかし、どういった行為がスパイ行為とみなされたのか、どういった情報を取ることがいけなかったのかについては、どの事例でも明らかにされていません。日本人・外国人問わず共通しているのは、突然身柄を拘束され、会社の同僚や上司はおろか本国に残してきた家族にも連絡が取れなくなり、しばらく経ってから身柄拘束の事実が明らかになっていることです。大学の教授が身柄拘束されながらも早期解放されたのは例外中の例外で、幸運が重なったというほかありません。通常は大使や総領事、外務大臣、首相などあらゆるレベルで早期解放を強く申し入れても、なかなかこちらの言い分を聞き入れてもらえないのが実情です。日本の刑法にはスパイ罪という犯罪がないため、スパイ罪での被疑者・被告人等の相互解放を実現することができません。「強い申入れ」だけでは、前述のようなよほどの政治的理由がない限り、釈放の実現は不可能なのです。

中国には今もなお、日系企業の駐在員、研究員やその家族、日本人留学生など、10万人以上もの在中邦人が暮らしています。彼らは「明日は自分が身柄拘束されるかもしれない」との恐怖や不安の中で毎日を過ごしているのでしょう。また、日本に残っている彼らのご家族の胸中も想像するに余りあります。在中邦人の皆さまの無事を願ってやみません。

実は一番心中穏やかでないのは中国人である

一番多く身柄拘束されているのは中国本土に住む中国人

このように見てくると、中国では外国人ばかりが身柄を拘束されているように見えます。しかし、数の比からしても当然ではありますが、身柄拘束者が最も多いのは中国人なのです。服役中の待遇も、外国人と中国人とでは大きな差があります。そのため、実は一番心中穏やかならざる思いでいるのは、中国本土に暮らす中国人であると言っても過言ではありません。

２０１６年、中国の軍事情報を外国に送信した中国人の男がスパイ罪を理由に懲役7年の実刑判決を受けていたことが報道されました。この中国人は２０１２年から翌２０１３年にかけて、浙江省寧波市の中国人民解放軍東シナ海艦隊の関連施設や停泊する艦船の写真を外国の情報機関に送っていたといいます。この男の携帯電話からは多数の軍事施設の写真が見つかっており、機密級の軍事情報も含んでいたことや、当時は尖閣諸島をめぐって東シナ海海域で緊張が高まっていた時期でもあったことから、国家安全に深刻な脅威をもたらすとして実刑判決となったようです（２０１６年4月21日付産経新聞より）。

２０２３年2月、光明日報で論説部副主任をつとめていた中国人の幹部が、日本人外交官と昼食中にスパイ罪の疑いで中国当局に拘束された事例もあります。その後、複数の日本人外交官に情報提供した罪にも問われ、起訴されましたが無罪を主張しています。この人物は日米ジャーナリストや研究者、外交官などと親交があり、日米の大学に客員として招かれたこともあるそうです。このとき、中国当局は昼食をともにしていた日本大使館の職員を一時拘束して取調べを行っていました。しかし、これはウィーン条約で外交官に認められている不逮捕特権（刑事事件でいかなる訴追や身柄拘束も受けない権利）の侵害にあたる行為であったため、日本政府が厳重抗議をしています（２０２３年4月25日付朝日新聞より）。

ちなみに、このような日本の外交官またはそれに類する地位の人物と交流していた民間人がスパイ容疑のために身柄拘束される事例が近年相次いでいます。日本国内で外交官と民間人が交流する分にはまだいいのですが、中国でそれをすると民間人のほうがスパイ容疑をかけられてしまうのです。外交官には不逮捕特権があるので、外交官が身柄を拘束されることはほぼないと言ってもよいのですが、民間人はそうはいきません。このことを知らないはずがないのに、他省庁から大使館や総領事館に出向している日本の外交官の身分を有する者を含め、情報収集をしようと民間人にうかつに近づくために、民間人が犠牲になっているというケースも多々あるのです。外交官として中国に派遣される外務省および他の省庁の職員には、中国であれ日本であれ中国に駐在し、または頻繁に渡航する民間人と必要以上にコミュニケーションを取るのは控えていただきたいと強くお願いしたいところです。

スパイ容疑をかけられるのは中国本土やその周辺地域にいる中国人だけではなく、外国に移住して帰化した元中国人も同様です。中国からオーストラリアに渡り、帰化した男性が、2019年にビザ取得のために妻子とともに中国へ渡った際、中国当局にスパイ容疑で拘束され、執行猶予付きの死刑判決を受けました。彼は国家安全部に勤務経験がありますが、その後オーストラリアへ移住して作家となり、中国の国家問題に関してブログを書いたりスパイ小説を出版したりしていました。その後、中国を訪問した際に中国当局に拘束されて死刑判決まで受けたのです。このように国家安全部や外交部など国家秘密に恒常的に触れ得る公務員の地位を有しており、または過去に有していたものがスパイ容疑で起訴されると、死刑判決が下されることが多々あるようです。ただし、執行猶予付きなので、2年後には終身刑に減刑される可能性はありますが、健康状態が懸念されているようです（2024年2月5日付Bloombergより）。

※中国の死刑制度には執行猶予制度があり、死刑判決を受けて2年間故意犯罪がなく、刑務所での態度が良好であれば無期懲役に減刑されます（刑事訴訟法第261条）。

中国周辺の台湾人や香港人も同様に心中穏やかならざる状況に

心中穏やかならざる状況になっているのは、中国周辺にいる台湾人や香港人も同様です。2019年にスパイ容疑で台湾人のビジネスマンが身柄を拘束され、その後服役しました。拘束されたきっかけは、香港経由で広東省に出張して香港に戻る際に「香港頑張れ」と書かれたカードを持っていたことです。法律上、カードを所持しているだけでは訴追できないため、たまたま武装警察部隊の撮影データを所持していたことを口実にスパイ罪の疑いでの身柄拘束に切り替えたとみられています。この方は2021年1月に懲役1年10カ月と2年の政治的権利剥奪の判決を受け、服役した後に台湾に戻りました（2023年10月2日共同通信より）。

また、香港でも似たような動きがあります。香港で民主活動をしており、その後英国やオーストラリアなどの海外へ逃れた活動家8人について、2023年に1人あたり100万香港ドル（約2000万円。便宜上、2024年7月1日現在の為替レートを参照し、1香港ドル≒20円とします。以下同じ）の懸賞金がかけられました。この中には2014年の雨傘革命を主導した人物もいます。外国の政治家との面会やインタビュー、SNS投稿を通じ、中国からの香港分離を主張した疑いをかけられたためです。ただ、8人の滞在している国々が香港当局に彼らの身柄を引き渡すことは考えられないため、帰国しない限り身柄を拘束されることはないと見られています（2023年7月3日付時事通信より）。

同じく香港の民主化運動で最も著名な活動家は、2019年に抗議集会への参加を扇動した罪などに問われて7カ月間服役しました。ただ、謝罪状を書き、治安当局者とともに中国本土の深圳に渡り、IT大手企業で中国の業績を示すものを見学すればカナダ留学を認めると警察から提案を受けました。そこで、深圳に渡ることを決意し、その後無事にカナダに留学できることとなりました。彼女は香港の情勢や身の安全などを考慮し、香港には戻らないと決意したそうです（2023年12月8日付AFP　BB　Newsより）。

「特別行政区」として中国の一部であることが法的に自明な香港やマカオはもちろん、台湾は西欧型民主主義を導入し、普通選挙を実施するなど、政治体制が中国内地とは全く異なるにもかかわらず、北京は台湾が「一つの中国」に含まれるとの考え方を崩していません。したがって、北京は台湾人を当然に自国民（中国公民）とみなしているので、香港やマカオと同様に、台湾にも独自の大使館や総領事館が存在しません。そのため、台湾人が当局に身柄を拘束されても、大使館や総領事館がないために誰も接見に来ないのです。日本人が身柄を拘束されたときには、中国にある日本大使館や総領事館の職員が面会に来るので、台湾人の知り合いからは「日本人はいいな」と言われます。外から見れば台湾は中国とは別の国のようであっても、台湾人は中国公民と同様の扱いとなるのが興味深い点です。

※中国の司法試験を外国人は受験できません。受験を認めると、アメリカがアメリカ市民である多数の華僑に受験させて、弁護士（律師）登録させたうえで、西欧型民主主義化を認める活動を始めることが自明だからです。中国共産党指導体制を揺るがしかねないそのような選択を中国がするはずがありませんね。しかし、香港人、マカオ人はもちろん、台湾人も中国の司法試験受験資格があり、中国の弁護士になることができます（なりたい台湾人がどれほどいるかは別として）。もっとも、弁護士自治（弁護士は政府の干渉を受けない）が認められる日本と異なり、その活動は中央の司法部、各地の司法局の指導を受けることになります。

中国人富裕層の日本への移住や財産移転が始まっている

近年、北海道をはじめ日本のあちこちでリゾート地の土地建物を中国人が買いあさっている、というニュースを耳にしたことがある人も多いと思います。それもそのはずで、ビルや土地をポンと買えるほどの中国人の富裕層が、中国本土から日本に移住したり財産を移し始めたりしているのです。その理由は、将来のことや子どもの教育のこと、米中対立や台湾有事など国際情勢のこと、中国のゼロコロナ政策など人それぞれです。日本への旅行等を通じて、物理的距離が比較的近く、気候も治安も良く、食べ物も中国で食べるものに近く、自由を謳歌《おうか》できる日本に好感を抱いて移住する富裕層が増えているのです。

日本人の中には「中国人に土地建物を買い占められると危険ではないか」と考える方も少なく

ないと思いますが、そうしたことが起こっている背景にはこのような事情があるのです。

ちなみに、日本の土地建物に出資することで得られるビザを求める中国人が増えてはいるのですが、全員が全員日本に移住したくてビザを得るわけではありません。実は、「子どもをブリティッシュスクールに通わせたい」等の理由で香港への移住を目指すために、日本のビザを取得しようとしている人も多いのです。その理由は、香港では日本を含む第三国の入国ビザを持っていると、優先的に受け入れてもらえるためです。香港では内地からの移民の受け入れを一日あたり150人に制限しており、その順番を待つ中国人が多くいるのですが、第三国のビザを保有し、なおかつ香港政府の指定する金融資産を3000万香港ドル（※約6億円）分購入すると、人数制限の枠に関係なく香港の居住権を得ることができるのです（2023年12月20日付香港BSより）。日本のビザを取得する人が増えている背景には、こうした理由もあります。

「反スパイ法違反で身柄拘束」の誤解

「反スパイ法違反で身柄拘束」と書き立てるマスコミ報道は間違いである

日本のマスコミ報道を見ると、2023年に改正されて世界的に話題になったためか、「反スパイ法違反で身柄拘束」「反スパイ法違反で懲役10年」とよく報道されています。しかし実は、この表現は間違っています。反スパイ法違反を根拠に15日間を超えて身柄を拘束されることはありませんし、ましてや5年も10年も服役させられることはありません。のちほど第2章と第3章で詳しく解説しますが、反スパイ法に違反しても行政処罰を受けるのみで、拘留されたとしても最大で15日以下であり、年単位で拘留されることはあり得ません。スパイにまつわる違法行為は、反スパイ法で規定されているもののほかに、刑法のスパイ罪で規定されているものもあるのです。改正「反スパイ法」に関する誤ったマスコミ報道が多いことから、中国に派遣する駐在員等の長期身柄拘束を恐れる日本企業および日系企業の行動にも、誤解による多くの負の影響が出ています。

本格的な説明をする前に、ここで反スパイ法の違法行為（スパイ行為）と刑法のスパイ罪の違いについて、軽く押さえておきましょう。

反スパイ法のスパイ行為と刑法のスパイ罪との違い

反スパイ法のスパイ行為と刑法のスパイ罪には、以下の違いがあります。

※中国において、「情報」には国家秘密や機密性のある情報（intelligence）と、それ以外の一般的な情報（信息：information）の2通りの意味があります。本書では、この2つの「情報」が何度も登場しますが、単に「情報」と書くときは前者のintelligenceの意味、「信息」と書くときは後者のinformationの意味であると考えてください（「信息」は日本語として不自然ですが、意味上の違いを明確にするため

ご容赦ください)。

反スパイ法のスパイ行為:
「総合的国家安全観」を具体化した法律のひとつで、情報のみならず、国の安全および利益に関係するその他の文書やデータ(=公開信息)、資料または物品を窃取したり提供したりする行為が罰せられるもの。違反すれば最大15日間の拘留もしくは反則金という行政罰が科せられる。

刑法のスパイ罪:
国家秘密または機密性のある情報を窃取したり偵察したりする行為が罰せられるもの。違反すれば10年以上の有期懲役または無期懲役または死刑に処せられる。情状が比較的軽い場合は、3年以上10年以下の有期懲役が科せられる。

このように、反スパイ法のスパイ行為と刑法のスパイ罪は条文の字面がとても似ていますが、実は規制対象とする範囲が異なるものなのです。日本のメディア記事の多くは間違って報道されているので、「反スパイ法違反の罪で懲役10年の判決を受けた」などと書かれていたら、「これは刑法のスパイ罪のことだな」とこっそり読み替えてあげてください。

公開信息までが反スパイ法の規制対象に入ってきたことで、スパイ行為の定義が抽象化・曖昧化されました。それが世界が中国への警戒感を強める原因にもなっています。ただ、実は何でもかんでも信息を集めたからといって、それがただちに反スパイ法違反になるわけではありません。それについては、のちほど詳しく解説します。

反スパイ法と刑法のスパイ罪に違反しないよう内部教育するのは事業者の義務である

反スパイ法には萎縮的効果があるためか、日本企業等は反スパイ法に関する情報を隠れてコソコソと収集しているように見受けられます。日本にいる中国の法律に詳しい専門家ですら、反スパイ法のスパイ行為や刑法のスパイ罪について公に説明するのを避ける傾向があります。私も、中国の反スパイ法やスパイ罪に関する文書を公にしたり、それらの情報をセミナーで多数の方々に伝えようとしたりすると、周囲に反対される場面も多々あります。しかし、正しい知識を身につけずして、中国で活動する在中邦人の保護などできるでしょうか。

反スパイ法にはこのような規定があります。

> **第12条第1項**　国家機関、人民団体および企業・事業組織その他の社会組織は、当該単位の反スパイ安全防御業務の主体責任を引き受け、反スパイ安全防御措置を具体化し、当該単位の人員に対し国の安全の維持保護にかかる教育をし、当該単位の人員を動員し、または組織

してスパイ行為を防止し、および制止する。

つまり、反スパイ法や刑法違反をしないために情報収集や内部教育を行い、日本人駐在員を含む従業員が違法行為を犯さないよう導くことは、中国で活動する日本企業等の法的義務とされているのです。同様の規定は、改正前の反スパイ法第19条でも規定されていました。近時の邦人拘束を受け、2023年3月27日に外交部の毛寧副報道局長は「日本国民の類似事件（スパイ容疑での長期身柄拘束事例）がたびたび起きている。日本側は自国民への教育と注意喚起を強化すべきだ」と述べましたが、それは反スパイ法の条項に照らすと至極まっとうな発言です。中国に拠点を置いたり、社員を現地に派遣・駐在させたりする日本企業は、適正な情報収集と内部教育義務を怠ってはなりません。

私が本書を書こうと思ったのも、専門家すらも怖がってばかりでこの問題に関する説明を避けている現状を憂えているからです。読者の皆さんには、本書を通じて正しい知識を身につけていただくとともに、仕事などで中国に行かれた際には、自分の身をご自身で守れるようになることを心から祈念しています。それが、広く在中邦人の保護にもつながると考えています。

逮捕の根拠は97年の大改正以来ずっと変わらない刑法第110条と第111条

スパイ罪を規定する刑法第110条と第111条とは

中国本土やその周辺地域で、中国人や日本人、外国人が身柄拘束や数年ないし10年以上に及ぶ長期にわたる服役を強いられる根拠となっているのは、刑法第110条と第111条です。のちほど詳しく説明しますが、第110条のほうは「スパイ罪」（狭義のスパイ罪）、第111条のほうは「境外（※）のため国家秘密または情報を窃取し、偵察し、買取り、または不法に提供する罪」と言われています。中国の刑法は1979年に制定され、1997年に大改正されて第110条・第111条ができて以来、今日まで12回改正されていますが、この2つの条文は一言一句変わっていません。この2つをあわせて、本書では「広義のスパイ罪」と呼びます。

※「境外」とは、①中華人民共和国のうち、香港特別行政区、マカオ特別行政区および台湾（大陸は含みません）、ならびに、②外国の国家および地域をいいます。

第110条　次の各号に掲げるスパイ行為の1つをし、国の安全に危害を及ぼした者は、10年以上の有期懲役または無期懲役に処する。情状が比較的軽い場合には、3年以上10年以下の有期懲役に処する。
（一）スパイ組織に参加し、またはスパイ組織およびその代理人の任務を受け入れる行為
（二）敵のため襲撃目標を指示する行為

第111条　境外の機構、組織または人員のため、国家秘密または情報を窃取し、偵察し、買取り、または不法に提供した者は、5年以上10年以下の有期懲役に処する。情状が特別に重大である場合には、10年以上の有期懲役または無期懲役に処する。情状が比較的軽い場合には、5年以下の有期懲役、拘役、管制または政治的権利の剥奪に処する。

中国に拠点を持つ企業や中国に人材を派遣・駐在させる企業は、事前にこの2つの条文について正しく理解し、中国で活動する社員にこれらの規定に抵触する行為をしないよう周知徹底することが必要です。のちほど詳しく解説しますが、この「広義のスパイ罪」の「型」を満たさないことが、在中邦人の身を守るための最大の防御となります。

中国における刑法の考え方とは

なぜこのような規定が定められているのかを知るためにも、まずは中国における刑法の成り立ちや考え方を知っておきましょう。

中華人民共和国の建国は1949年10月1日でしたが、刑法ができたのは1979年です。1950年から刑法の起草作業は始まっており、刑法成立までに40本近くの草案が作成されてきました。しかし度重なる政治運動や文化大革命などのために、起草作業の中断・再開を繰り返すことを余儀なくされます。そうしてようやく1979年7月1日に第5期全国人民代表大会第2次会議で可決され、同6日に公布、翌1980年1月1日に施行されることとなったのです。つまり、約30年間、中国では刑法と呼べるものは存在しなかったことになります。

それまでは、当時の立法機関である中央人民政府が制定した中華人民共和国反革命懲治条例などの条例や、他の法や条例で定められている罰則規定（特別刑法）、共産党や中央・地方政府の法令、指示文書、司法機関の司法解釈、刑法典の草案などが刑法規範として参照されていました。

中国の刑法は、旧ソ連法の流れを受け継いでいるといわれており、刑法の立法目的規定や任意規定、犯罪概念規定などに社会主義の考え方が色濃く反映されています。これらの点から中国の刑法は「社会主義型刑法」といわれています。特に、中国刑法における犯罪概念は「社会的危害性」「刑事違法性」「可罰性」の3つから成りますが、このうちの「社会的危害性」は旧ソ連刑法の「社会的危険性」に由来するため、旧ソ連法の名残を表す考え方であるといえるでしょう。

日本の刑法と中国の刑法の違い

日本の刑法と中国の刑法の大きく異なるところは、犯罪になるかどうかは「刑法に規定する罪を犯したかどうか」だけでなく、「社会的危害性に影響を及ぼすほどの金額や数、回数、行為態様であったかどうか」により左右される点です。つまり、国家や社会の安全を脅かすものかどうかで犯罪の成否や量刑が決まるのです。

たとえば窃盗罪を例に考えてみましょう。日本であればお金や物を盗むだけで成立し、刑法に定めるとおりの量刑となり得ます（あまりに微額である場合、可罰的違法性がないとして、警察などでお灸をすえられて解放ということはあり得ます）。一方、中国の場合はお金や物を盗んだという事実だけでは窃盗罪の成否が決まらず、盗んだものやその被害額、回数などで決まります。高見澤磨らの『現代中国法入門 第9版』によれば、その基準については、最高法院・最高検察院が大枠を決めて、高級法院で具体的に定めることが多いとされています。窃盗罪であれば、最高法院・最高検察院では被害額が1000（約2万2000円。便宜上、2024年7月1日の為替レートを参照し、1人民元≒22円とします。以下同じ）～3000元（約6万6000円）以上の場合に「数額が比較的大きい」とされます。北京市の高級法院では、これを受けて「2000元（約4万4000円）以上の場合」と定めています。被害金額がその金額に至らない場合は刑法上無罪となりますが、多くの場合はその受け皿として行政処罰を受けることとなります。また、窃盗罪のように頻発する犯罪については各地の法院が「被害額がいくら増える毎に刑期を何カ月増やす」といった「量刑指導意見」の実施細則を作成しています。このように法定刑の処罰の基準に幅を持たせている点も中国刑法の特徴です。

刑罰の対象となる犯罪の準備をしただけで「予備犯」が成立する

また、中国刑法の非常に特徴的な条項のひとつが、「予備犯」の規定です。犯罪の実行に着手する段階に至っていない場合でも、「罪を犯すために手段を準備し、条件を作り上げた」だけで、「予備犯」となるのです。また、犯罪の実行に着手して目的を達成できなかった場合にも「未遂罪」が成立します。この2つはともに「既遂犯に照らして軽い処罰にする、または減軽し、もしくは免責とすることができる」とされています。日本刑法にも「予備犯」、「未遂犯」はありますが、中国刑法はより広い範囲で両概念の適用があるのです。

第22条　罪を犯すため、手段を準備し、条件を作り上げた場合には、犯罪の予備である。
第2項　予備犯に対しては、既遂犯に照らして軽きに従い処罰し、または処罰を減軽し、もしくは処罰を免除することができる。
第23条　既に犯罪の実行に着手し、犯罪者の意思以外の事由により目的を達成し得なかった場合には、犯罪の未遂である。
第2項　未遂犯に対しては、既遂犯に照らして軽きに従い処罰し、または処罰を減軽することができる。

国家や社会の安全が基本的人権に優先される

日本の刑法と中国刑法の根本的な違いは、その背景にある人権思想です。現在の日本国憲法第11条には基本的人権の尊重が定められていますが、ここでいう「人権」は「天から与えられたものである」という天賦人権説に由来します。これには、同第13条で定める幸福追求権に由来する個人の自由を中核的価値とするキリスト教的思想の立場に立ち、「個人の思想や精神の自由は国家権力であっても侵すことのできない永久の権利である」という考え方が背景にあります。

しかし、中国では国家や社会の安定が人権よりも優先されます。国家や社会の安定という集団的利益を保護するためには、人権の制約は免れることができないのです。私たち日本人の感覚からすれば「おかしいのではないか」「人権侵害だ」と考えてしまうかもしれません。しかし、その考えは「国家権力によって自由権を侵されることはない」という日本国憲法で保障された権利の発想からくるものであり、中国のそれとは根本的に異なるのです。

そういった人権意識はどこから来ているのかというと、時代はアヘン戦争までさかのぼります。中国は、1842年に終結したアヘン戦争に敗北し、広州、福州、厦門、寧波、上海の5港を開港し、香港島を永久にイギリスに割譲するなどの不平等条約を結ばされました。その後、日清戦争にも敗北し、下関条約で遼東半島や台湾、澎湖諸島を日本に割譲することとなります。さらに、日露戦争後にはポーツマス条約で旅順・大連の租借権、中東鉄道の長春・旅順間の支線と関連権益が日本に譲渡されました。これらの一連のことに端を発する国家分裂による民族的苦難の歴史を、中国は歩んできたのです。

そういった歴史を歩んできたからこそ、「二度と国家分裂を招いてはならない。それゆえに、経済的自由や表現の自由を含む精神の自由は当然に付与されたものではなく、国家および社会の安定という中華民族の最上位の集団的利益を保護するために中国共産党がその政策を通じて指導、決定しなければならない。その実現手段である法規範（法律、行政法規、部門規則、地方性法規、地方政府規則、司法解釈等）を通じて規定される公共の福祉の前には、大幅な制約を免れることはできない」といった集団的人権思想を持つ国家なのです。ちなみに、中国は国際人権規約のA規約（社会権規約）もB規約（自由権規約）も両方締結していますが、A規約（社会権規約）について国内施行を批准する一方で、B規約（自由権規約）について当該批准を今なお留保しています。それは、あくまでも中国的な考え方に基づいた「人権尊重」をしているためであり、日本とは表れ方が異なっているだけなのです。

西欧型民主主義国家である日本と、中国的民主集中制を持つ中国という国家体制の違いもありますが、この価値観が最も如実に違いの表れるところであり、決して相いれることのない考え方です。そのため、「中国は怖い国だ」とやみくもに恐れるのではなく、隣人である中国にはこういった思想的背景があることを私たち日本人も知って、理解する必要があります。

スパイ罪を犯したら居住監視のうえ、逮捕される

居住監視とは

中国では、犯罪者とおぼしき人物を逮捕する前に「居住監視」という手続きを取ることがあります。居住監視とは、国家安全当局が捜査を行う際にとれる強制措置のひとつで、ある事件の被疑者が逮捕の要件に該当するときに、実施機関またはその上級機関の判断で令状なしで実施できる拘禁の代替措置のことです。居住監視は被監視者の自由を大きく制約するもので、日本人の場合は原則自宅で無許可の外出や弁護士等との接見のほか、通信も制約されています。また、2012年の刑事訴訟法改正により、国家安全危害罪・テロ活動犯罪の嫌疑があり、なおかつ捜査に支障を来すおそれがあり直近上級公安機関の承認を得たときは、自宅以外の「特定の場所」を指定して拘束できるようになりました。居住監視は最長6カ月まで可能です。冒頭でも触れた製薬会社の社員は2023年3月に身柄を拘束され、同年10月に正式に逮捕されたことから、最長期間である6カ月間居住監視を受けていたものと推察します。他にも、多くの活動家や弁護士が多数身柄を拘束された後、消息がわからなくなっている人もいます。この刑事訴訟法の改正当時、人権団体の中には「改正案が成立すれば、私たちが近年、繰り返し目にしてきた活動家たちの失踪が、事実上合法化されることになる」との懸念を示していた団体もありました。

大使館にも総領事館にも、具体的に何が起こったか知らされない

日・中領事協定（領事関係に関する日本国と中華人民共和国との間の協定）では、日本人が居住監視のために身柄を拘束されると、その日から4日以内に大使館に連絡がいくことになっています。しかし、連絡がいっても具体的にどういった経緯で被監視者が身柄を拘束されるに至ったのか、何が起こっていたのかは大使館にも総領事館にもまったく情報提供がありません。また、大使館や総領事館の職員が接見できたとしても、容疑の事実や拘束に至る詳しい経過の聴き取りもできないのです。接見で確認できるのは、あくまでも健康状態や生活状況のみです。それは、日本の刑法にスパイ罪がないことが関係しています。もし、日本にもスパイ罪があれば、スパイ容疑をかけられた経緯や理由について詳細を説明するよう交渉することもできるのです。また、スパイ罪を日本で犯した中国人を中国側に引き渡すかわりに、スパイ容疑をかけられて身柄拘束された日本人を返してもらうことも可能になります。しかし、現状の日本にはスパイ罪がないために、そうした人質交換のようなことも、詳細な事情の説明を求めることもできないのです。ちなみに、日本でもスパイ罪を作ろうとする議論が起こったことはありましたが、戦後のアメリカの占領下で戦前の特別高等警察のような諜報機関を作ってはならないとされたためにスパイ罪を刑法に設けることができないまま今日に至っています。こうした時代背景があって、いわゆる人質交換のようなことができないためにスパイ容疑で身柄拘束され、服役している日本人を取り返す

ことができないのは、ある意味悲劇ともいえることかもしれません。

居住監視や逮捕後の拘置所での生活については、スパイ罪の疑いをかけられ中国で6年にわたり身柄を拘束された経験を持つ鈴木英司氏の著書『中国拘束2279日　スパイにされた親中派日本人の記録』（毎日新聞出版）に書かれています。興味のある方は読んでみてください。

裁判になるとほとんどの場合有罪となる

居住監視を終えると、正式に逮捕され、身柄を検察に送致されます。その後起訴されて裁判となりますが、裁判になるとほとんどの場合有罪判決が下されてしまいます。日本の刑事裁判でも、起訴されると有罪となるケースがほとんどですので、ここは両国の似ているところでしょう（日本の有罪率が99・9%であるとよく言われるようですが、中国の新聞報道では中国の有罪率は99・8%だそうで、オリンピック100m決勝の金メダリストと銀メダリストのような関係にあります）。たとえば、2019年にスパイ行為に関わったとして湖南省で国家安全当局に身柄を拘束され、裁判になっていた日本人男性がいます。この男性は一審で懲役12年の実刑判決を受けており、これを不服として上告していましたが、2023年11月での二審で上告が棄却されたのです。中国は二審制の国のため、これで刑が確定しました。

なぜ最近になってスパイ罪で逮捕者が続出しているのか

2013年の習近平政権誕生で「王朝が変わった」

ここまで、日本人や外国人が数多くスパイの疑いで長期にわたって身柄を拘束されてきた事実や、反スパイ法や刑法のスパイ罪の違い、その背景にある人権思想について説明してきました。

ここで疑問が浮かぶのが、「なぜ1997年の刑法改正当時からずっと変わらない刑法第110条・第111条を理由としてスパイ容疑をかけられた逮捕者が、近年になってこんなにも続出しているのか」ということです。皆さんも不思議に思いませんか？　その理由は、2013年に胡錦濤・温家宝政権から習近平政権へ移り変わったことが背景にあります。いわば、「王朝が変わった」と言っても良いでしょう。胡錦濤・温家宝政権までの時代は、たとえば時に民間企業の人間と中国政府の関係者や外交官が交流を持っていても特にとがめられることもなく、おおらかに見られてきました。それが、王朝が変わったことで一気に変貌したのです。

習近平政権発足当時の時代背景とは

では、習近平国家主席はなぜこのような強権的な政治を行うようになったのでしょうか。それには、習近平政権発足当時の時代背景が影響しています。江沢民政権から胡錦濤・温家宝政権の間には、政治的安定には経済の発展が欠かせないと考え、当時行っていた改革開放から経済発展重視主義に舵を切ります。その後、1993年にアメリカ大統領に就任したビル・クリントン大統領に鄧小平や江沢民らが働きかけ、中国の経済発展を全面的に援助する約束を取り付けました。その後、中国はみるみる経済成長を成し遂げ、対1992年比で国家・個人ともに名目GDPがおよそ30倍にも跳ね上がり、豊かな国の仲間入りを果たします。個人名目GDPが1万米ドルを突破しようとするとき、当時のバラク・オバマ大統領が中国へ西欧型民主主義を政治に取り込むように働きかけたところ、中国は断固としてこれを拒否します。

習近平政権に交代した頃からアメリカのCIAの別動隊と考えられているNED（全米民主主義基金）が中国の西欧型民主主義化を目指し、活動を本格化させます（各種メディアによれば、それ以前から中国本土や台湾、香港、チベット自治区、新疆ウイグル自治区などで資金提供などの活動を行っていたと見られています）。政権初年度となる2013年の段階でNEDの活動が顕著になったのを目のあたりにした習近平総書記は、2014年4月15日の中央国家安全委員会第一次会議で「総合的国家安全観」を掲げました。これはあくまでも私の推測ですが、対象をそこまで広範囲に拡大しなければ、NEDの活動が顕著となる弊害を防止できないと判断したのだと思います。さらに、習近平総書記は2014年10月の中国共産党第18期中央委員会第4回全体会議（以下「四中全会」）で法による国家統治の重要政策を掲げ、同年11月の旧反スパイ法をはじめとする社会主義体制を堅持するための国家安全保障を図る一連の法整備が行われたのです。

時を同じくして、NEDの支援を受けたものと推測される民主化運動が中国の周辺地域で起こります。台湾では2014年3月18日から4月10日にかけて、学生たちが立法院を実力で占拠し、当時の馬英九総統に「中台サービス貿易協定」の撤回を迫る「ひまわり学生運動」が起きました。また、2014年9月26日から12月15日には、香港で普通選挙の実施を求めて学生たちが蜂起した反政府デモ「雨傘革命」が起こります。これらの事態を重く見た中国の国家安全部は、中国共産党の指導を受けて国家安全保障徹底を図るべく、より一層防御活動を本格化させる契機になったと推測されます。これらの民主化運動の背後でアメリカのCIAやその下部組織が暗躍していたということは、どこまで真実かはわかりませんが、そのような報道は中国のメディアでも随所に見ることができます。

中国政府の根底にある、アヘン戦争以来の「敗戦国」としての記憶

先ほども述べたように、中国はアヘン戦争に敗北し、多額の賠償金に加えて列強によって国土を分断された記憶が根強く残っている国です。敗戦をきっかけに、人々の精神まで奴隷のごとく落ち込んでしまった歴史を繰り返すことは中国共産党にとって許されない。そのため、なんとしてもこの社会主義体制を守るために戦わなければならない。そのような非常に強い被害者意識を今日まで持ち続けているのです。

それが中国の国歌「義勇軍行進曲」の中に色濃く表れています。なんと、国歌の歌詞の冒頭に

「立ち上がれ！　奴隷となりたくない人々よ！」というフレーズが入っているのです。おそらく200カ国ほどある国連加盟国の中でも、国歌の中に「奴隷」という言葉が入っている国は中国以外にないものと推測します。このことからも、「あの頃と同じ轍を二度と踏みたくない」という強い意識が垣間見えるのではないでしょうか。

余談ですが、この国家の作曲家の聶耳（ニエアル）は神奈川県藤沢市の鵠沼海岸で海水浴をしている最中に亡くなりました。その後、記念碑が県立湘南海岸公園内の記念広場内に建立されました。今でも命日には聶耳をしのんで聶耳碑前祭が開催され、藤沢市消防音楽隊により海に向かって行進曲が演奏されています。

社会主義体制を堅持するには強硬的な姿勢が必要だった

今、中国はめざましい経済成長を遂げて世界第2位の経済大国となりましたが、およそ14億もの人口と55の少数民族を抱えているがゆえに、常に不安定な土壌の上に立っていると言っても過言ではありません。少しでも油断すると、西欧の民主主義思想が入り込んできて、先達がこれまで築き上げてきた強固な社会主義体制が崩れ落ちてしまう可能性もはらんでいます。再び中国公民が西欧の奴隷と化してしまうことはなんとしても避けなければなりません。

昨今、中国人・外国人問わずスパイ罪容疑での長期身柄拘束が増えているのは、中国の国家安全に危害を及ぼそうとする境外の勢力が、中国を攻撃するための情報を集めて中国が強固に築き

中国語	日本語（仮訳）
《义勇军进行曲》歌词	「義勇軍行進曲」歌詞
田汉作词，聂耳作曲 起来！ 不愿做奴隶的人们！ 把我们的血肉，筑成我们新的长城！ 中华民族到了最危险的时候， 每个人被迫着发出最后的吼声。 起来！ 起来！ 起来！ 我们万众一心，冒着敌人的炮火， 前进！ 冒着敌人的炮火， 前进！ 前进！ 前进！进！	田漢作詞、聶耳作曲 立ち上がれ！ 奴隷となりたくない人々よ！ 私たちの血肉で、私たちの新たな長城を築こう！ 中華民族が最も危険なときに至って、 すべての人は追い詰められて最後の雄叫びをあげる 立ち上がれ！ 立ち上がれ！ 立ち上がれ！ 私たちすべての人は心を一つにして、敵の砲火に向かって、 進め！ 敵の砲火に向かって、 進め！ 進め！ 進め！進め！

上げてきた社会主義体制を崩壊させてしまうことを恐れていることの表れでもあります。そのために、中国公民にも、反スパイ法に代表されるように少しでもスパイ行為と疑われる行動を取らないよう徹底し、スパイと疑われる行動をしている者を見かければ報告させるようにしているのです。このような習近平政権の姿勢は、国内外から批判されることも往々にしてあります。しかし、14億もの人口を抱えながら中国国内の国家や社会を安定させ、社会主義体制を堅持するためには、どうしてもそういった姿勢を取らざるを得ないのでしょう。先ほども説明したように、スパイと疑われる行為には、中国共産党や政府関係者、日本の外交官等との接触も含みます。だからこそ、こちら側も自らの身の安全を守るためには、反スパイ法や刑法のスパイ罪に関する正しい知識を身につけるとともに、少なくとも中国国内では、中国共産党や中

国政府関係者、日本の外交官等との接触をできる限り避けるのが最も安全な選択となるのです。私も中国とは30年近くのお付き合いになり、中国政府、上海市人民政府関係者には尊敬する友人、知人も数多くいます。しかし、習近平政権がそういった考え方である以上は、こちらもそういった友人、知人と飲食を共にするなどして親しく交流することはおろか、時候の挨拶すらもしない勇気を持つことが必要になります。それが、私自身や私の家族、彼らやその家族、彼らの属する組織を守ることにもなるのです。

例えば上海や北京への出張時に彼らに声をかけることすらできないのは、私自身本当に心苦しくつらいものです。しかし、一見不条理、不合理にも見えるこのような事態も、中国的価値観からすれば、社会主義国家体制を堅持し、アメリカやその他の西側諸国にも依存することなく自主独立した存在でいるためには必要不可欠であると現代中国が考えていることを（支持するのではなく）理解することが重要です。建国100周年の2049年には、中国全土で中程度の先進国水準を実現するという「中国の夢」を達成するためには、避けて通れない道なのです。

その決意がよく表れている憲法前文や刑法13条を紹介して、第1章を終えることとします。

憲法　前文（抜粋）　我が国では、搾取階級は階級としては既に消滅しているが、階級闘争はなお一定の範囲で長期にわたり存在するであろう。中国人民は、我が国の社会主義制度を敵視し、および破壊する国内外の敵対勢力および敵対分子と必ず闘争しなければならない。台湾は、中華人民共和国の神聖な領土の一部である。祖国統一の大業を成し遂げることは、台湾の同胞を含む全中国人民の神聖な責務である。

刑法　第13条　国の主権、領土の完全性および安全に危害を及ぼし、国を分裂させ、人民民主独裁の政権を顛覆《てんぷく》し、および社会主義制度を覆し、社会秩序および経済秩序を破壊し、国有財産または労働大衆の集団所有の財産を侵害し、公民の私的所有の財産を侵害し、公民の人身権、民主的権利その他の権利を侵害し、ならびに社会に危害を及ぼすその他の一切の行為で、法律により刑罰の処罰を受けるべきものは、いずれも犯罪である。ただし、情状が明らかに軽微で危害が大きくない場合には、犯罪であると認めない。

※参考文献
高見澤磨・鈴木賢・宇田川幸則・徐行『現代中国法入門 第9版』（有斐閣、2022年）p.328–330
張光雲『中国刑法における犯罪概念と犯罪の構成―日本刑法との比較を交えて―』（専修大学出版局、2013年）pp.14–30
遠藤誉『習近平が狙う「米一極から多極化へ」 台湾有事を創り出すのはCIAだ！』（ビジネス社、2023年）pp.240–266

第2章

改正「反スパイ法」とは何か

反スパイ法の成り立ち　いつ、何のためにできたのか？

反スパイ法の背後にある法律と政策の関係

第2章では、反スパイ法の成り立ちや2023年7月に行われた改正ではどのように内容が変わったのかについて説明していきます。

まずは反スパイ法のことについて説明する前に、日本とは全く異なる中国における政策と法律の関係について理解しておいていただきたいことがあります。中国では全国人民代表大会（以下「全人代」）および全人代常務委員会が制定する全ての法律の背後には、必ず中国共産党の政策があり、その政策を具現化する法的手段として法律がある、という関係になっています。つまり、中国では政策が法律よりも優位に立つのです。その根拠は、中国の憲法にもよく表れています。

※中国の「立法法」という法律は「全国人民代表大会は、刑事、民事、国家機構その他の基本法律を制定し、および改正する」とし（同法第10条第2項）、全人代常務委員会はそれ以外の法律を制定するとされます（同条第3項）。広義のスパイ罪を含む刑法は全人代で制定され、反スパイ法は全人代常務委員会で制定されました。このように立法機関が国会のみである日本（日本国憲法第41条）と比較すると、立法機関が二重化する中国には特徴があるといえます。なお、全人代の法律制定機会は1年に1回ですが、全人代常務委員会には6回の機会があります。

憲法　第1条　中華人民共和国は、労働者階級の指導する、労農同盟を基礎とする人民民主独裁の社会主義国家である。
第2項　社会主義制度は、中華人民共和国の基礎となる制度である。中国共産党による指導は、中国の特色ある社会主義の最も本質的な特徴である。いかなる組織または個人も、社会主義制度を破壊することは、これを禁止する。

その具体的表れとして、法律と政策の間にギャップが生じた場合、日本では法律の改正によるほかありませんが、中国ではこのギャップを埋めるために最高裁に相当する最高人民法院が司法解釈を発布し、迅速に政策の貫徹を図ることがあります。このように法律ではない司法解釈により、法律と政策の間のギャップを埋める手段が存在することで、中国における政策の法律に対する優位を説明することができるかもしれません。

高見澤らによれば、胡錦濤体制下では中国本土で貧富の差の拡大や官僚層の腐敗とともに、再開発にともなう立ち退き補償、農地収用への補償などを求めて直接行動や暴力をともなう集団的異議申立てが頻発していました。行政や司法に不満を持つ人々が各地の党や政府、人民法院などの窓口に押し寄せ、北京まで陳情に来る人も少なくありませんでした。そうした人々に対し、中国共産党一党支配体制に挑戦するような不穏な動きが少しでもあれば、すぐさま根こそぎ刈り取っていたといいます。また、第1章でも見てきたように、胡錦濤政権から習近平政権へと移行した時期は、香港や台湾で民主化運動が激化していた頃でした。その裏では、中国に西欧型民主主義を取り入れさせようとアメリカのＣＩＡの別動隊と考えられているＮＥＤ（全米民主主義基金）が暗躍していたと一部メディアで報じられています。そうした一連の事態を重く見た習近平総書記は、２０１４年4月には次に説明する「総合的国家安全観」を標榜《ひょうぼう》しました。その後、その重要政策を実現するための法律が時をおかず次々と誕生します（第6章参照）。国内外の脅威から社会主義体制を守るためには、このような対処をせざるを得なかったわけですが、重要な政策が直ちに法律へと迅速に反映される様を見ると、中国では法律が中国共産党の政策を実現するための手段として位置づけられていることがよくわかります。

２０１４年の全人代で「依法治国」を標榜

反スパイ法も当初（２０１４年11月1日）、制定を促す中国共産党の政策が二つありました。一つは、「依法治国（法による国家統治）」、もう一つは先ほども出てきた、この政策に内包されている「総合的国家安全観」です。

「依法治国」は、２０１４年10月20日から23日にかけて開かれた四中全会において標榜されたものです。もともとこの「依法治国」は１９９７年9月の中国共産党第15回全国代表大会で提起されたフレーズで、１９９９年の改正憲法にも書き込まれています。中国共産党第15回全国代表大会報告によれば、「依法治国」とは、幅広い人民大衆が中国共産党の指導のもと、憲法と法律の規定にもとづいて国や経済文化事業、社会的事務を管理し、国の各事業が法にもとづいて行われることを保障すること、社会主義制度や法律がリーダーの交代によって、またリーダーの考えや関心の変化によって変化しないようにするもの、とされています。

２０１４年の四中全会でも、「法による国家統治を全面的に推進する若干の重大問題に関する中共中央の決定」が審議・採択されました。２０１４年10月23日付の「人民網日本語版」の記事によれば、この会議では、法による国家統治の全面的推進目標として「中国の特色ある社会主義法治体系を構築し、社会主義法治国家を建設すること」が掲げられます。そこで、法による国家統治を推進するにあたり、以下の６つのことが規定されました。

・憲法を核とした中国の特色ある社会主義法律体系を整備し、憲法の実施を強化する
・法による行政をさらに推進し、法治政府の構築を加速する
・司法の公正を保証し、司法への信頼を高める
・国民の法的思考力を高め、法治社会の建設を推進する
・法治国家実現のための活動チームの構築を強化する
・法による国家統治の全面的推進に対する党の指導を強化・改善する

この方針でもわかるように、法による国家統治のためにはまず中国版・立憲主義に基づく国家統治や執政を堅持する必要があることが確認されています。しかし、中国版・立憲主義は、あくまでも共産党の指導の下での「法治」であり、社会主義体制を強化するための手段として法律を

利用していることに注意しなければなりません（為政者による統治手段としての法律）。「権力者が好き勝手なことをしないよう、憲法や法律のルールに閉じ込める」というような、西欧型近代的立憲主義の理念とは異なるものです。ここは誤解の生じやすいところですので、注意してください。

「依法治国（法による国家統治）」の内実である「総合的国家安全観」を具体化

「依法治国（法による国家統治）」を含む四中全会の立法目標には、憲法の日を制定して憲法宣誓制度を新設する、社会全体の人権尊重・保障意識を強化するなどの6つの目標が定められています。これらの目標の中に、依法治国（法による国家統治）に内包されている「総合的国家安全観」も含まれています。

> **（4）テロ対策と国家安全の法治化**
>
> 総合的国家安全観を貫徹実施し、国家安全法治建設を加速し、テロ対策など差し迫って必要とする法律の制定を急ぎ、公共安全の法治化を推進し、国家安全法律制度・体系を構築する。

総合的国家安全観とは聞き慣れない言葉ですが、いったいどういう意味でしょうか。これは、伝統的国家安全観に加え、国家安全を政治、国土、軍事、経済、文化、社会、科学技術、信息、生態系、資源、核、生物などの領域に拡張する新たな概念のことです。総合的国家安全観を学習するためのテキストによれば、2014年4月15日、習近平総書記は、中央国家安全委員会第1次会議を召集・主催した際、冒頭で総合的国家安全観を提起したとされます。タイミング的に四中全会よりも半年も前なので、このときが中国共産党内部で最初に提起されたタイミングだったのでしょう。

この年は台湾ではひまわり学生運動が、香港では雨傘革命があった重要な年でもありました。暗躍する西側のスパイ組織の動きに習近平総書記は危機感を強め、江沢民・胡錦濤両政権が重視した経済発展よりも国家安全保障こそが一層重視されるべきものであり、敵対勢力とは断固として戦うという決意を固めた時期であったと推測されます。それ以来、習近平総書記にとって、中国共産党政権と特色ある社会主義体制の安全を守ることが最重要課題ともいえるものとなりました。その決意が、憲法前文にある「社会主義制度を敵視および破壊する国内外の敵対勢力および敵対分子とは必ず闘争しなければならない」との文言に表れています。

何をしたら反スパイ法違反にあたるのか

2014年以降今日に至るまで、「依法治国」の内実である「総合的国家安全観」を具体化した法律が7つ制定されました。その中でも最初に制定されたのが、本章でこれから説明する「反スパイ法」です。

反スパイ法とは

反スパイ法は、全人代常務委員会が主席令第16号により、2014年11月1日に公布、施行されました（全人代常務委員会が主席令第4号により、2023年4月26日に改正法公布、同年7月1日に施行。以下「改正反スパイ法」）。実は、これ以前の1993年より、スパイ活動を規制するための法律である「国家安全法」が施行されていたのですが、反スパイ法の施行とともに廃止されました（同名の法律が別途、異なる趣旨で制定されています。第6章参照）。改正反スパイ法の目的は、第1条にあるとおり「スパイ行為を防止し、制止し、および懲罰し、国の安全を維持保護し、かつ人民の利益を保護する」ことです。

習近平政権下では、特に2018年の第5回憲法改正で特色ある社会主義体制を強化するとともに、政権の正統性を補うべく、すべての公職者を強大な力で監督する「国家監察委員会」を新設するなど、汚職や腐敗を摘発する運動の推進に乗り出します。国家監察委員会は政府から独立した機関で、警察権限と同等の各省庁への強い強制力を持ち、公務員が直接中国共産党からの監察を受けることとなりました（実務的には憲法改正前から公務員が中国共産党の監督管理を受ける体制がとられていましたが、新たな国家機関が創設され、それが憲法上明記されたことに創設的意義があります）。つまり、すべての公務員の生殺与奪の権利を憲法上も中国共産党が握ることとなったのです。1982年に最初に制定された憲法が、高見澤らの言葉を借りれば「習近平憲法」とも言うべき姿に変貌した瞬間でした。国家監視体制を強化するために制定された最初の法律が反スパイ法だったわけですが（第6章参照）、制定当初の反スパイ法は条文数が40条にすぎませんでした。しかし、2023年7月の改正を経て、全71条もの条文となりました。つまり、条文の数が2倍近くも増えていることになります。

反スパイ法における「スパイ（行為）」とは

まずは、スパイ行為とはいったいどういう行為なのか、何をしたらスパイ行為にあたるのかを押さえておきましょう。それが、反スパイ法の理解を深めるうえで最も重要です。反スパイ法で定められたスパイ行為は、旧反スパイ法第38条には以下のように定められています。

> **第38条**　この法律において「スパイ行為」とは、次に掲げる行為をいう。
> （一）スパイ組織およびその代理人が実施し、もしくは他人を教唆し、もしくはこれに資金を援助して実施させ、または境内外の機構、組織もしくは個人と当該スパイ組織およびその代理人とが互いに結託して実施する、中華人民共和国の国の安全に危害を及ぼす活動
> （二）スパイ組織に参加し、またはスパイ組織およびその代理人の任務を受け入れる行為
> （三）スパイ組織およびその代理人以外のその他の境外機構、組織もしくは個人が実施し、もしくは他人を教唆し、もしくはこれに資金を援助して実施させ、または境内機構、組織もしくは個人と当該境外機構、組織もしくは個人とが互いに結託して実施する、国家秘密もしく

は情報を窃取し、偵察し、買取り、もしくは不法に提供し、または国家業務人員を策動し、誘引し、もしくは買収して裏切らせる活動
（四）敵のため攻撃目標を指示する行為
（五）その他のスパイ活動をする行為

私たち日本人に関係しそうな条文は（一）〜（三）だと思われます。（一）は「スパイ組織やその代理人が実施し、中華人民共和国の国の安全に危害を及ぼすような活動はしてはいけません」ということです。この「スパイ組織」「代理人」が具体的に何を示すのかは、反スパイ法やほかの法律を見ても全く明らかにされていません。普通の日本の民間企業や日本企業の中国法人が「スパイ組織やその代理人」とされるかどうかも文言上は定かではないのです。もっとも、普通に考えれば、該当可能性は低いでしょう。ただ、日本の政府部門や政府部門を背後に抱く公的組織・団体が、中国政府から見てスパイ組織と位置づけられている可能性があります。たとえば、日本の公安調査庁という役所は、そうした組織にあたる可能性が高いのではないかと見ています。なぜなら、公安調査庁のホームページを見てみると、公安調査庁の業務についての説明が以下のように書かれているためです。

「北朝鮮・中国・ロシア等の周辺諸国を始めとする諸外国の情勢、国内諸団体の動向など、国内外の諸動向に関する情報を収集・分析し、得られた情報（インテリジェンス）を政府関係

機関に適時・適切に提供することで、政府の各種施策に貢献しています」
（公安調査庁「業務」より引用）

ここに書かれている「情報」とは、「インテリジェンス」とわざわざ書いてあるように、信息のみならず情報を中心とすると考えられます。ときに、国家秘密をも含むかもしれません（国家秘密については第4章参照）。「政府の各種施策」は、もちろん国防政策なども含みます。そうすると、この引用した一節は「私たちは外国の国家秘密を含むさまざまな情報、特に秘密性を帯びたインテリジェンスをも探っていきます」とウェブ上で公言しているに等しいと言えるでしょう。そのうえ、「中国を含めた周辺の国や地域でセンシティブな情報を探るぞ」とわざわざ中国を名指ししたうえで書いているのですから、公安調査庁は中国でいうところの「スパイ組織」にあたると考えてほぼ間違いないと思われます。その他にも、警察庁や外務省、防衛省およびその周辺のシンクタンクにもそうした情報収集を主に行う機関やセクションがあると推測されますが、これらの機関等も中国にスパイ組織と認定されてもおかしくないだろうと想像します。これらの機関等から委託もしくは資金援助を受けて業務または活動をすれば（本人が無意識であっても、中国の安全当局から見てそのように見えれば）、「スパイ組織の代理人」として中国当局の調査を受けたり、場合によっては身柄を拘束されたりする可能性もあるので、注意が必要です。

2023年7月1日、反スパイ法が改正。いったい何が変わったのか？

「スパイ」概念が抽象化され、よりいっそう曖昧に

2023年7月1日、改正反スパイ法が施行されました。改正反スパイ法ではスパイ行為の定義が第38条から第4条に引っ越しましたが、これまでも明白ではなかった「スパイ行為」の概念が抽象化され、よりいっそう曖昧になったことで、アメリカをはじめとする各国で非常に危険視されています。では、実際にどのような変更があったのか、新旧比較をしてみましょう。改正「反スパイ法」第4条の改正箇所に下線を引いています。このうち、特に重要な改正箇所を太字にしました。この太字にした箇所を見れば、「スパイ」概念が抽象・曖昧化したことが一目瞭然です。

つまり、「窃取する、偵察する、買い取る、提供するものをスパイ行為と見なす」という対象に「国の安全および利益に関係するその他の文書、データ、資料もしくは物品」が追加されたのです。これは、国家秘密、情報などではない信息や、すでに公開されて公知となっている文書やデータなどを集めても、場合によってはスパイ行為にあたる、ということを意味します。このことから、以前の反スパイ法と比べると、相当抽象化・曖昧化が進んだと指摘できるでしょう。こ

こが、マスコミで「改正反スパイ法が危険だ」と大きく騒がれているゆえんです。

今回、改正反スパイ法の規制対象に公開信息まで入ってきたことで、中国で経済活動を行う外国資本のリスクの上昇を懸念する声も上がっています。ただ、私が特に強調したいのは、「公開信息を調べることは世界的にはもうとっくの昔にスパイ活動の一類型となっている」ということです。読者の皆さんはスパイ活動というと秘密組織が陰で敵対組織に関する情報収集を行うという、スパイ映画のような世界観をイメージするかもしれません。しかし、現代のスパイ活動はそれだけではありません。政府発表や新聞やテレビなどの報道、SNS、インターネット検索エンジン、学術研究論文などのオープンソースにアクセスして合法的に情報収集を行うことも、いまや立派なスパイ活動の一つになっているのです。これをOSINT（オシント＝「Open Source Intelligence」）といいます。わざわざリスクを取って世間に出回っていない情報を盗み取ろうとしなくても、容易に入手できる中国国内の情報ソースから信息・情報を収集し、それらを有機的な結合体として分析することでも、時の中国政府が何を考えているのか、中国共産党が中国公民にどのようなことを認識させようとしているのかが読み取れるのです。したがって、改正反スパイ法によるスパイ概念の拡張はOSINTと整合的であり、何ら不合理ではありません。

ただし、中国であっても単に信息を集めただけで、ただちにスパイ行為となることはありません。反スパイ法違反となるのは、たとえば新疆ウイグル自治区での強制労働や、少数民族への人権侵害などに関して信息を収集していた場合です。つまり、中国政府や中国共産党を批判したり攻撃したりすることを目的に信息を収集する場合に限られます。換言すれば、①信息収集者や信

旧反スパイ法	改正反スパイ法
第38条 この法律において「スパイ行為」とは、次に掲げる行為をいう。 (1)スパイ組織およびその代理人が実施し、もしくは他人を教唆し、もしくはこれに資金を援助して実施させ、または境内外の機構、組織もしくは個人と当該スパイ組織およびその代理人とが互いに結託して実施する、中華人民共和国の国の安全に危害を及ぼす活動 (2)スパイ組織に参加し、またはスパイ組織およびその代理人の任務を受け入れる行為 (3)スパイ組織およびその代理人以外のその他の境外機構、組織もしくは個人が実施し、もしくは他人を教唆し、もしくはこれに資金を援助して実施させ、または境内機構、組織もしくは個人と当該境外機構、組織もしくは個人とが互いに結託して実施する、国家秘密もしくは情報を窃取し、偵察し、買取り、もしくは不法に提供し、または国家業務人員を策動し、誘引し、もしくは買収して裏切らせる活動 (4)敵のため攻撃目標を指示する行為 (5)その他のスパイ活動をする行為	第4条第１項 この法律において「スパイ行為」とは、次に掲げる行為をいう。 （一）スパイ組織およびその代理人が実施し、もしくは他人を教唆し、もしくはこれに資金を援助して実施させ、または境内外の機構、組織もしくは個人と当該スパイ組織およびその代理人とが互いに結託して実施する、中華人民共和国の国の安全に危害を及ぼす活動 （二）スパイ組織に参加し、もしくはスパイ組織およびその代理人の任務を受け入れ、またはスパイ組織およびその代理人に頼る行為 （三）スパイ組織およびその代理人以外のその他の境外機構、組織もしくは個人が実施し、もしくは他人を教唆し、もしくはこれに資金を援助して実施させ、または境内機構、組織もしくは個人と当該境外機構、組織もしくは個人とが互いに結託して実施する、国家秘密、情報、**ならびに国の安全および利益に関係するその他の文書、データ、資料もしくは物品**を窃取し、偵察し、買取り、もしくは不法に提供し、または国家業務人員を策動し、誘引し、強迫し、もしくは買収して裏切らせる活動 （四）スパイ組織およびその代理人が実施し、もしくは他人を教唆し、もしくはこれに資金を援助して実施させ、または境内外の機構、組織もしくは個人と当該スパイ組織およびその代理人とが互いに結託して実施する、国家機関、秘密にかかわる単位または基幹情報インフラストラクチャー等に焦点を合わせたネットワーク攻撃、侵入、妨害、制御、破壊等の活動 （五）敵のため攻撃目標を指示する行為 （六）その他のスパイ活動をする行為 第２項　スパイ組織およびその代理人が中華人民共和国の領域内において、または中華人民共和国の公民、組織もしくはその他の条件を利用して、第三国に焦点を合わせたスパイ活動に従事し、中華人民共和国の国の安全に危害を及ぼす場合にはこの法律を適用する。

息を提供する相手方の属性、②信息の分量や具体的内容（中国に不利な信息を1つだけ収集・提供したのか、大量に収集し、有機的に結合して中国批判をするのに十分な説得力を有するに至ったか）などから客観的にうかがえる「あなたの目的・動機は何ですか」という質問について、中国の国家利益を阻害するような意図が中国側の観点から見て垣間見られるか否かということです。改正反スパイ法でスパイ行為の定義が曖昧になったとはいえ、信息を集めることが必ずしもスパイ行為となり罰せられるわけではありません。そのため、必要以上に「曖昧になった」と騒ぎ立てる必要もないだろうと私は思うのです。

また、改正点で特徴的なのは「第三国に焦点を合わせたスパイ活動に従事し、中華人民共和国の国の安全に危害を及ぼす場合には、この反スパイ法を適用して違法処罰しますよ」と宣言している点です（第4条第2項）。これはどういう意味でしょうか。たとえば、日本とは仲が良いとは言いがたいロシアや北朝鮮は、中国とは大変親密な関係にあります。中国国内にいる便宜を活かしてロシアや北朝鮮の情報を入手しようとすると、その行為が「中国政府にとって国家の安全を害する行為である」と判断される可能性があります。情報を入手する対象は中国ではない他の国であるにもかかわらず、中国の国益を毀損しうるものとしてスパイ行為の対象となるかもしれないのです。

以上のことから整理すると、民間企業が反スパイ法に違反しないように気をつけなければならない点は3つあると考えます。1点目は、公安調査庁や内閣情報調査室をはじめとする日本の政府組織や公的組織が、中国からスパイ組織とみなされるかもしれない点です。そうした組織から依頼された任務（報酬をもらわない単なる信息・情報提供も中国の観点から見ると、任務と評価される可能性があります）などを中国国内で行う際は、これまで以上に慎重さが求められるでしょう。それればかりか、そうした役所から大使館や総領事館に出向している公務員と交流するだけで民間人はリスクを背負い込むことになるかもしれません。以前はここまでセンシティブではありませんでしたが、時代は大きく変わっています。2点目は、単に信息を集めただけで違法となるわけではありませんが、中国政府を批判したり攻撃したりすることを目的（自分がそういう目的であると主観的に思っているかどうかは無関係であり、中国の観点から客観的にそう見えるかどうかが重要です）に信息を集めると、中国の国家安全を害すると判断される可能性があることです。後ほど解説しますが、①国家秘密や一般の信息とは区別された秘密性のある情報（広義のスパイ罪になり得ます）と、②政府批判等につながる信息（改正反スパイ法による行政処罰が科され得ます）と、③それ以外の信息（収集・提供に問題がありません）をしっかり区分けして認識することが大切です。3点目は、中国国内にいる利点を活かしてロシアや北朝鮮に関する情報を集めると（または収集する意図はなくとも、それを中国の公務員と話題にすると）、中国の国益を間接的に害するためスパイ行為とみなされる可能性があることです。中国に拠点を置いたり、中国に駐在員や研究員を派遣したりする民間企業などは、この3つをしっかり理解しておきましょう。特に今の時代、間違っても、中国の公務員と、その方とどれだけ親密な関係があろうともセンシティブな話題を絶対にしてはなりません。広義のスパイ罪で訴追される方々の悲劇は、日本人に限らず、江沢民・胡錦濤時代の感覚（親しい公務員と食事に行き、センシティブな話題をプライベートな場面でしても問題ない）を習近平新時代で必要な感覚（いくら親しい公務員とでも1対1など少数で食事に行ったりすることは危険であり、ましてやそこでセンシティブな話題をすることなどあってはならない）に更新をすることを怠ったために生じることが多々あることを肝に銘じなければなりません。

改正「反スパイ法」に違反するとどうなる？

実は行政処罰として最大15日間拘留されるのみ

反スパイ法に違反すると、よくマスコミで報道されているように「とんでもなく重い刑罰を受けるのではないか」「10年以上も身柄を拘束されて日本に帰れなくなるのではないか」と思われる方も多いのではないでしょうか。日本のマスコミ報道を見ていると、そう考えてしまうのもやむを得ないと思います。しかし、実際は反スパイ法に違反しても、実は受ける処罰というのは行政処罰にすぎません。改正反スパイ法に違反すると受け得る行政処罰はさまざまなものがありますが、主だったところでいうと、①最大15日間行政拘留される、②「反則金」（中国語では「罰款」といいます）を科される、もしくは違法行為によって得たお金を没収される、③国外退去処分になる、のいずれかになります。

「行政拘留」は拘置所に閉じ込められて最大15日間出してもらえないということです。慣れない土地でおよそ2週間も閉じ込められるのはつらいですが、刑事処罰の懲役と比べるとずっと軽い処罰であるといえるでしょう。

「反則金」とは、日本で行政処分として科される制裁金である「過料」にあたるものです。これを読んでおられる方の中には、車やバイクを運転しているときに路上駐車をして、違反切符を切られた経験を持つ方もいるでしょう。あのときに警察署に支払う反則金と同じような意味にあたります。また、スパイ行為にあたる行為をしたことによって何かしら利益を得た場合は、その利益相当額の金額を没収されます。

「国外退去処分」は読んで字のごとくです。

反スパイ法に違反すると受け得る行政処罰については、改正反スパイ法第53条から第69条に定められています。このうち、関係する条文の一部を章末に載せておきますので、読んでみてください。

行政処罰とは

前段では「改正反スパイ法違反をしても、行政処罰を科せられるにすぎない」と説明しました。では、そもそも中国法における行政処罰とは、どのようなものなのでしょうか。

中国では、行政処罰は1996年に第8期全人代第4回会議で採択され、同年10月1日に施行された「行政処罰法」という法律の第2条に定められています。

第2条　「行政処罰」とは、行政機関が法により、行政管理秩序に違反する公民、法人その他組織に対し、権益減損または義務増加の方式により懲戒をする行為をいう。

行政処罰の種類は、第9条に定められています。ここに列挙された6つを見ても、長期にわたって身柄を拘束されるような拘禁刑を規定したものはありません。「行政拘留」がこれにあたるのではないかと思われる方もいるかもしれませんが、行政拘留は最大でも15日の身柄拘束であり、年単位に及ぶものではありません。

第9条　行政処罰の種類は、次のとおりとする。
(一) 警告および批判通知
(二) 罰金、違法所得の没収および不法財物の没収
(三) 許可証書の一時差押え、資質等級の引下げおよび許可証書の取消し
(四) 生産経営活動の展開の制限、生産停止・業務停止の命令、閉鎖の命令および業務従事の制限
(五) 行政拘留
(六) 法律および行政法規所定のその他の行政処罰

中国では、法律違反をしたときの法律責任（法律効果）は

①民法典が規定する損害賠償等の民事責任
②行政処罰法第9条が規定する行政責任
③刑法に基づき刑罰を科される刑事責任

の3つに分かれますが、行政処罰は②に該当するといえます。また、第8条には次のように定められています。

> **第8条第1項**　公民、法人その他組織は、違法行為により行政処罰を受け、その違法行為が他人に対し損害をもたらした場合には、法により民事責任を負わなければならない。
> **第2項**　違法行為が犯罪を構成し、法により刑事責任を追及すべき場合には、行政処罰をもって刑事処罰に代替してはならない。

つまり、ここで言っているのは、改正反スパイ法に違反した場合は、あくまでも行政処罰を科すことができるのみであるということです。後段（傍線部）では、別途刑法のスパイ罪違反の構成要件を満たし、法によって刑事責任を追及すべき場合には、行政処罰ではなく刑事処罰（刑事責任）が科されるということが書かれています。ここからも、反スパイ法のみに違反したと判断

される程度の事案では、最大15日間の行政拘留や反則金、または違法に得た所得の没収などが科されるにすぎないことがわかるでしょう。

実際に反スパイ法違反で行政処罰を受けた事例

では、実際に反スパイ法違反で行政処罰となった過去の事例をいくつか紹介します。これらの事例を読めば、どのようなことをすれば反スパイ法違反となり得るのか、イメージを多少なりともつかむことができると思います。

①軍港に停泊している軍艦を撮影したことで処罰された事例

ある人物Aが、国外の諜報機関に所属する人物から求職QQグループで「仕事を紹介できる。主に、軍港に停泊する軍艦のペナントナンバーを撮影するものだ。入社手続きは不要。ネットで連絡するだけでよい」という話を持ちかけられました。Aは相手方に指示された軍港付近で写真撮影を行い、撮影した写真を相手に送って1100元の利益を獲得します。ところが後日、広東衛視が放送した特別番組「スパイに警戒」やメディアの報道を見て、「自分の行為がスパイ行為にあたるのではないか」と認識し、広東省国家安全機関に自首しました。そのため、広東省国家安全機関は法に従ってAに批判教育を行いました。

②スパイに関する捜査情報を漏らしたレストラン関係者が処罰された事例

２０２１年3月、国家安全機関があるレストランの関係者に調査への協力を求めるとともに守秘義務を課しました。その後、調査協力のことが他の者に知られている疑いがあることがわかり、その後の業務に重大な影響が及びました。この調査協力は国家秘密にあたりますが、レストラン関係者が外部に情報を漏洩したことをありのままに白状したところ、国家安全機関は同年6月、そのレストラン関係者に行政拘留15日の処罰を科しました。

③海洋公益活動と見せかけて沿岸部に観測点を設け、情報収集していて処罰された事例

ある海洋公益組織が、中国の沿岸部に海洋観測点を設けて海洋観測データを収集していました。その観測点は海岸ゴミを観測するもので、北から南まで海岸線をほぼカバーしており、そのうち22の観測点は軍事エリアのすぐそばにあり、会場の軍事安全にとって脅威となっていました。それればかりか、その組織が観測データを中国境外にある研究機構に提供したところ、研究機構が上海の海岸線のゴミ密集度がオーストラリアやアメリカの10倍にもなると公表し、中国の国際的イメージを毀損しました。国家安全機関は観測点を設置する行為は「スパイ行為以外の、国家安全に及ぼすその他の行為」に該当すると認定。当該組織に対して、違法所得の没収と警告の処罰をしました。

④気象観測設備を設置し、観測データを国外に送信して処罰された事例

ある人物が、中国国内のある重要軍事基地の周辺に、正確な位置情報や複数の気象データを収集する機能を持った気象観測設備をネットで購入し、許可なく設置していました。収集されたデータは、海外のある国の政府部門が科学研究の名目で設立した気象観測組織のウェブサイトに送信されています。この組織の重要な任務の一つが、全世界の気象データ情報を収集・分析して、その軍部に提供することでした。国家安全機関は関係部門と共同で法執行を行い、関係者にただちに設備を撤去するよう命じました。

⑤専用スパイ機材の販売で処罰された事例

ある人物がインターネットショップを開設して、衛星データ受信カードやワイヤレスカメラペン等の数十種類の専用スパイ機材を販売していました。また、街中でも、リアルタイムビデオワイヤレスモニターやGPS追跡測位器、車のワイヤレスキー型盗撮機などの専用スパイ機材を売り歩いていました。その後、国家安全機関に逮捕され、専用スパイ機材を不法に販売した罪の嫌疑で公訴を提起されました。

※こちらは刑事訴追された事例ではありますが、仮に刑事訴追を免れたとしても、反スパイ法第15条や第61条では専用スパイ機材を所持しているだけで反スパイ法違反となり処罰の対象となります。

「改正反スパイ法違反で邦人は数年から十数年の拘禁刑に処せられる」という誤解

反スパイ法違反≠刑法のスパイ罪

日本のマスコミでは、「反スパイ法が改正されて『スパイ行為』の概念が抽象化・曖昧化したため、日本人の駐在員や研究員が数年ないし十数年もの長期にわたって拘禁刑に処せられるリスクが高まっている」と報じられているのを目にします。「スパイ行為」の概念が抽象化・曖昧化したことは先ほども述べたとおりですが、それを理由に10年以上の拘禁刑となる可能性が高まったのかと言えば、そうではありません。その理由はとても単純で、反スパイ法は違反しても行政処罰を科すことができるにすぎないからです。数年ないし十数年にわたる長期拘禁刑は、刑事処罰であって行政処罰ではありません。そのような長期の拘禁刑に処せられる可能性があるのは、刑法に規定された罪を犯したときであって、反スパイ法に違反したときではありません。

では、近年邦人や外国人がスパイ容疑で長期にわたって身柄を拘束されるようになったのは、反スパイ法の改正と合わせて刑法のスパイ罪も改正されたためかというと、それもまた違います。刑法でスパイ罪の規定は第110条と第111条にありますが、この2つの条文は1997年に刑法が大改正されて以来、全く変わっていません。つまり、27年も改正されていないのです。であるとすれば、「改正反スパイ法で下手をすれば10年以上も身柄を拘束されるリスクが高まった」という言説は、法律の条文に照らして見ても明らかな誤りなのです。改正反スパイ法と刑法のスパイ罪で「スパイ行為」となる対象の違いについては、第4章で詳しく解説します。

改正反スパイ法は、2023年7月1日以降、スパイ行為の概念を国家秘密や秘密性を帯びた情報に加え、公開されて公知となっている情報やデータに触れることもスパイ行為にあたるとしました。そういう意味で、「スパイ行為」概念を相当程度、抽象化・曖昧化させたといえるでしょう。一方、刑法は1997年以来27年にわたって変わっていないため、今なお刑法のスパイ罪は国家秘密や情報のみを対象としています。つまり、反スパイ法の改正に伴うスパイ概念の抽象化・曖昧化によって、長期にわたり拘禁刑という刑事処罰が科せられる危険は全くないということになるわけです。

第3章

「刑法」が規定するスパイ罪とは何か

日本の刑法と大きく異なる中国の刑法の考え方

1979年に中華人民共和国建国以降初めて成立した刑法

反スパイ法と並んで、スパイについて規定されているのが刑法です。スパイ罪の話に入る前に、刑法の成り立ちや刑法の考え方について説明します。

第1章でも説明したように、刑法は中華人民共和国建国以来、およそ30年にわたって繰り返し起草作業が行われてきた末に1979年に制定された法律です。1978年12月に開催された中国共産党第11期中央委員会第3回全体会議では、改革開放路線として計画経済から市場経済への転換点が示されました。また、同時に「依るべき法があり、法があれば必ず依拠し、法の執行は必ず厳しくし、違法（行為）は必ず追及する」との方向性も打ち出しました。経済面だけでなく、国家統治の面においても、いわゆる「人治」から「法治」への転換点となったのです。「法治」への転換がこのタイミングになったのは、人治的要素が後退し、法治的要素が強まるには建国後相当長い時間が必要だったことによります。それをきっかけに法整備が急速に進み、1979年7月には地方各級人大および地方各級人民政府組織法、全国人大および地方各級人大選挙法、人民法院組織法、人民検察院組織法、刑法、刑事訴訟法、中外合資経営企業法（いわゆる合弁法）の計7本の法律が第5期全国人民代表大会2回会議で採択されることとなりました。

中華人民共和国建国以来はじめて刑法と刑事訴訟法が誕生した瞬間でもありました。

しかし、1978年の改革開放以降、中国社会は計画経済から市場経済への大きな転換期を迎えたにもかかわらず、それに当時の刑法が追いつかず、治安悪化もあり特別刑法が多く制定されました。そこで、1997年にはそれらの内容も含め、犯罪化・厳罰化するための全面改定が行われ、同年10月1日に改正刑法が施行されました（以下「97年改正刑法」といいます）。その後、現在まで12回もの修正が行われています。

刑法の適用において中国共産党が最重要視する「国家安全」

第2章で見たように、習近平総書記は「総合的国家安全観」を掲げ、「中国共産党が堅持する特色ある社会主義体制を転覆させ、国家安全に危害を及ぼすような勢力とは必ず闘争しなければならない」ということを掲げています。この精神がよく表れているのが、刑法第13条です。同条は次のとおり規定しています。

> **第13条**　国の主権、領土の完全性および安全に危害を及ぼし、国を分裂させ、人民民主独裁の政権を顛覆し、および社会主義制度を覆し、社会秩序および経済秩序を破壊し、国有財産または労働大衆の集団所有の財産を侵害し、公民の私的所有の財産を侵害し、公民の人身権、民主的権利その他の権利を侵害し、ならびに社会に危害を及ぼすその他の一切の行為で、法

律により刑罰の処罰を受けるべきものは、いずれも犯罪である。ただし、情状が明らかに軽微で危害が大きくない場合には、犯罪であると認めない。

こちらの条文の冒頭にある「国の主権、領土の完全性および安全に危害を及ぼし、国を分裂させ、人民民主独裁の政権を顛覆し、および社会主義制度を覆」す行為を決して容認せず、犯罪として厳しく処罰するという価値観は、中国共産党が最も重視するものです。刑法各論の一番はじめに、のちほど説明するスパイ罪を含む「国家安全危害罪」が規定されるのも、この価値観を色濃く反映しているからこそなのです。もっとも、この価値観は中国では不変ではあるものの、時の為政者の考え方によってその運用方法には大きな差があることに注意が必要です。

たとえば、改革開放以前の中国では、中国公民は非常に貧しい暮らしをしていました。そこで、改革開放政策を経て、社会主義体制のもとで市場競争原理に基づく市場経済導入を宣言し、経済的な豊かさを追求することにしたのです。特に江沢民総書記の時代（1989年6月24日から2002年11月15日）のうち社会主義市場経済（1992年10月）以降の時代では「ハイパーインフレ（1987年、1988年）に起因する大学生の極端な就職難等の経済的不満に端を発した天安門事件（1989年6月4日）の再発は二度と許さない」という国家および社会の安定を重視する観点から経済発展が最重視されました。胡錦濤総書記の時代（2002年11月15日から2012年11月15日）にも過度の経済発展に修正を試みる動きはあったものの、基本路線を踏襲しました。こうした時代にスパイ容疑を理由に中国人も外国人も誰彼構わず身柄拘束していては、外資の中国に対する直接投資に多大な支障が出てしまいます。そのため、国家安全保障を重視する姿勢は、経済発展を妨げない程度に抑制されてきました。つまり、先ほど述べたような価値観を顕示するよりも、国家として総合的な競争力をつけるために外資を誘致し、経済発展を実現することで経済的な豊かさを手に入れることが第一優先とされていたのです。当時の中国を表す言葉として、「韜光養晦」（才能を隠して外には出さない）というフレーズがよく使われていました。日本でいうところの「能ある鷹は爪隠す」です。そうして経済政策優先を追求した結果、今では中国の名目ＧＤＰが改革開放直後の１９８０年と比較して、２０２３年時点で国家レベルにおいて58倍、中国公民の一人あたり名目ＧＤＰも40倍にもなっています。

このようにめざましい経済発展を遂げ、強大な経済力を手にした中国では、過度な資本主義に基づいた市場経済を、本来の中国の伝統的価値観に優先する意味は後退し、逆に前述のＮＥＤ等の外国勢力の動きに対応して、国家安全保障の重要性が高まりました。こうして「能ある鷹」の爪を隠す必要がなくなったとも言えますし、そうしている余裕もなくなったと言うこともできます。習近平政権の2期目のスタートとなる２０１８年には、憲法改正を行って国家主席と副主席の任期を撤廃し、習近平総書記が法的可能性として一生涯国家主席でいることが可能になりました。それと同時に、習近平総書記は毛沢東時代の国家安全保障を最重要視する中国共産党の伝統的価値観に立ち返る決意を固めたのです。習近平総書記は、このことについて「不忘初心、牢记使命」（初心忘るべからず、使命を胸に刻む）と今日まで言い続けています。ここで言う「初心」とは、１９２１年の共産党が成立した時代、または毛沢東主席が中華人民共和国を建国した時代のことを指します。つまり、「強国化の手段にすぎなかった過度な資本主義的傾向を改め、自主独立の精神を謳歌した古き良き中国を取り戻そう」というスローガンのもと、今日の習近平政権があるわけです。

このような歴史的ダイナミズムを鑑みれば、「1979年からスパイ罪は変わらず存在しているのに、そして97年改正刑法から広義のスパイ罪の文言は一切変更されていないのに、なぜ今日になって身柄拘束者が続出するようになったのか」の答えはおのずと見えてきます。

日本と異なる罪刑法定主義の考え方

1979年の刑法制定当時は、刑法にない犯罪行為については類推適用も可能とされていましたが、1997年の改正でそれに該当する条文が削除されました。その代わりに規定されたのが、「罪刑法定主義」です。罪刑法定主義とは日本の刑法にもある基礎的な概念で、「処罰することのできるのは法律に規定されている罪だけである。法律がなければ罰することができない」という意味です。刑法第3条にこの規定があります。

第3条　法律に犯罪行為であると明文で規定しているものは、法律によって罪を認定して処罰する。法律に犯罪行為であると明文で規定していないものは、罪を認定して処罰することはできない。

ただし、解釈には注意が必要です。日本の罪刑法定主義は、憲法で保障された人身の自由の観点から、国家により科される恣意的かつ不当な刑罰から国民を保護するといった意味合いがあります。これには、刑法の文言は明確性の原則、すなわち「いかなる行為をしてはいけないか」について国民の予測可能性を担保できる程度に明確でなければならないという内容が含まれます。それは多分に日本を含む西側諸国が共有する自由主義、民主主義の価値観を体現するものである、といえます。これに対して、中国の罪刑法定主義は、西側諸国が共有する自由主義、民主主義の理念を前提とするものではないので、「法律に犯罪行為であると明文で規定している」限り、その明文の規定が曖昧かつ抽象的であって、明確性を欠いたものであっても、「法律によって罪を認定して処罰する」ことは可能であって、そのこと自体は中国の罪刑法定主義には反しないことになります。このように、中国と日本では、同じ概念であっても、両国の依拠する制度の違いを反映しているために、その意味が異なることは多々あるのです。

刑法の規定する「スパイ罪」とは

「スパイ罪」を規定する刑法第110条と第111条

いよいよ本題である刑法のスパイ罪についてです。刑法でスパイ罪について規定されているのは第110条と第111条です。33ページでも触れていますが、改めて条文を見比べてみましょう。

第110条　次の各号に掲げるスパイ行為の1つをし、国の安全に危害を及ぼした者は、10年以上の有期懲役または無期懲役に処する。情状が比較的軽い場合には、3年以上10年以下の有期懲役に処する。
（一）スパイ組織に参加し、またはスパイ組織およびその代理人の任務を受け入れる行為
（二）敵のため襲撃目標を指示する行為
第111条　境外の機構、組織または人員のため、国家秘密または情報を窃取し、偵察し、買取り、または不法に提供した者は、5年以上10年以下の有期懲役に処する。情状が特別に重大である場合には、10年以上の有期懲役または無期懲役に処する。情状が比較的軽い場合には、5年以下の有期懲役、拘役、管制または政治的権利の剥奪に処する。

第110条は「スパイ罪」（ここでは「狭義のスパイ罪」と呼ぶことにします）、第111条は「境外のため国家秘密または情報を窃取し、偵察し、買取り、または不法に提供する罪」という、司法解釈で規定された正式な罪名がついています。特に後者は名前が非常に長く、わかりづらいですね。この2つの規定について説明するときにいちいち長い罪名を述べると煩雑になりますので、本書ではこの2つを合わせて「広義のスパイ罪」と呼ぶことにします。

構成要件として予定された行為の相違

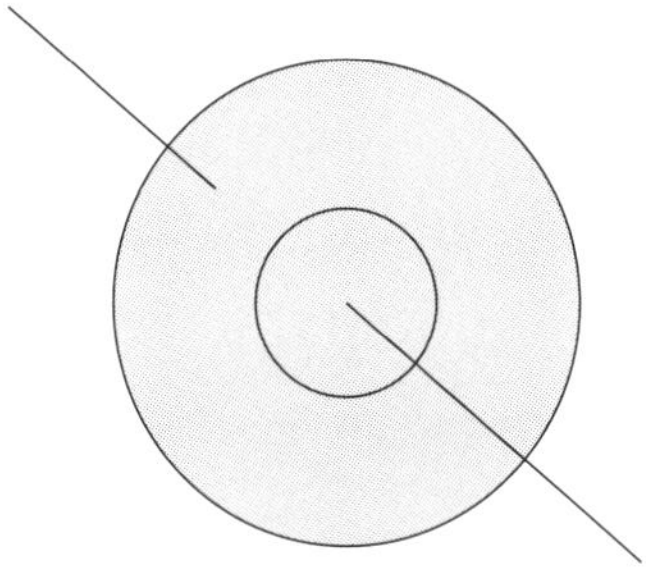
第110条第1号の「受け入れる」対象である
「スパイ組織およびその代理人の任務」
第111条「国家秘密または情報を窃取し、偵察し、
買取り、または不法に提供」する行為
（利益享受者が「スパイ組織またはその代理人」である
限り、第110条第1号は当該行為類型も内包する）

重要なのは、「国家秘密または情報を窃取し、偵察し、買取り、または不法に提供」するという禁止行為は第１１０条・第１１１条ともに共通であることです。すなわち、それが「スパイ組織」のために行われれば第１１０条の狭義のスパイ罪に、「スパイ組織」ではない「境外の機構、組織または人員のため」に行われれば第１１１条の犯罪になります。これを図にすると上のとおりとなりますが、今までに日本人が広義のスパイ罪で起訴された事例の多くは「国家秘密または情報を窃取し、偵察し、買取り、または不法に提供」するという禁止行為を理由とするものと推測されますので、本書ではのちほど「国家秘密」や「情報」の意義について、詳しく見ていくこととします。

さて、広義のスパイ罪に関する条文を見る

と、第2章で出てきた、第6項まで細かな規定がつらつらと書かれている改正反スパイ法第4条の条文と比べると、ずいぶん簡素な条文になっているのがわかるかと思います。97年改正刑法施行以降、この2つの条文は何ら改正されていないのですから、それも当然かもしれません。

この2つの条文を見ていただくとわかるとおり、改正反スパイ法や行政処罰法には出てこなかった「懲役」というキーワードが出てきます。つまり、広義のスパイ罪にあたる行為をして国家安全当局に身柄を拘束されれば、数年あるいは十数年にわたる長期拘禁刑に処せられる可能性があるのです。さらに、刑罰に関して注目しなければならないのは刑法第113条です。条文にはこうあります。

第113条　この章の上記国家安全危害罪については、第103条第2項、第105条、第107条および第109条を除き、国および人民に対する危害が特別に重大であり、または情状が特別に悪辣である場合には、死刑に処することができる。
第2項　この章の罪を犯した場合には、財産没収を併科することができる。

傍線部のとおり、この条文には「第103条第2項、第105条、第107条および第109条を除き」とあります。ここで注意しなければならないのは、この条文には第110条と第111条が含まれていないことです。つまり、広義のスパイ罪にあたる行為をして、情状が特に悪い場合は死刑判決を受けることもあり得る、ということを意味します。ここが広義のスパイ罪の怖いところです。

ただ、中国の死刑制度は広義のスパイ罪について現役の公務員や元公務員に科されるのが通常です。また、死刑判決が出された場合でも、死刑をできるだけ抑制するために執行猶予付きの死刑判決を出すこともあります。第1章で紹介した、中国出身でオーストラリアに帰化した元国家安全部勤務経験のある作家が執行猶予付きの死刑判決を受けた事例がその一例です。

2つの「スパイ罪」はどう違う?

第110条と第111条は似て非なるものですが、どういう違いがあるのかは一般のビジネスパーソンなどにはわかりづらいでしょう。私もセミナーなどでよく聞かれる質問なので、分かりやすく解説していきます。

違い① 違法行為による利益享受者が異なる

まず、第110条と第111条の一つめの違いは「違法行為による利益享受者が異なる」ということです。つまり、ある人物がスパイ行為をすることによって利益を得る人(組織)が、第110条と第111条では異なるということです。第110条の場合は、「スパイ組織に参加する行為、またはスパイ組織やその代理人の任務を受け入れる行為」がスパイ行為の中核をなします。ということは、利益を得る者は「スパイ組織」です。

一方、第111条には「境外」、つまり「外国または外国の地域、機構、組織（企業も含む）などのために国家秘密や情報を窃取や買取りなどする者」、と書かれているため、利益を得る者は「日本や香港、マカオ、台湾などを含む外国の組織（または企業）」になります。つまり、利益を享受するのがスパイ組織かそれ以外の外国の組織か、というところに違いがあります。

違い② 法定刑が異なる

2つめの違いは、この2つの条文で法定刑が異なることです。法定刑の部分の条文を見比べてみましょう。

このように見比べてみると、第110条のほうが刑罰は重い傾向があるのがわかります。これは、「違い①」で見た、利益享受者の違いによるものです。第110条の利益享受者は「スパイ組織」でした。利益享受者がスパイ組織であるとすると、スパイ活動をすることで国家の安全を脅かされるリスクはとても高くなります。かたや第111条の利益享受者である外国や外国の組織のために国家秘密や情報を流しても、国家の安全が脅かされるリスクは低いと考えられるでしょう。つまり、国家秘密の毀損の程度がまるで異なるのです。そのため、第110条は必然的に第111条よりも法定刑が重くなる、というわけです。

情状	第110条	第111条
普通	10年以上の有期懲役または無期懲役	5年以上10年以下の有期懲役
特に重大	規定なし（ただし第113条参照）	10年以上の有期懲役または無期懲役
比較的軽い	3年以上10年以下の有期懲役	5年以下の有期懲役、拘役、管制または政治的権利の剥奪

違い③　「国の安全に危害を及ぼした」という結果まで求められるか否か

3つめの違いは、「国の安全に危害を及ぼした」という結果が求められるか否かの違いです。少し刑法ならではの専門用語が入って難しく感じるかもしれませんが、ここもわかりやすい例を挙げて説明します。結果犯とは、犯罪の構成要件に一定の行為と結果の発生が求められるものです。殺人罪を例に挙げてみると、「殺そう」と思って人を高いところから突き落とした結果、相手が死んだという結果になる。殺人罪の場合は、「人を突き落とす」という行為と「(突き落とした) 相手が死んだ」という結果の発生が必要になるので、結果犯となります。

一方、行為犯とは一定の犯罪行為が実施されることで犯罪の構成要件を満たすものです。そこに結果の発生は求められません。たとえば、裁判所で宣誓した証人が法定でウソの証言をする偽証罪で考えてみましょう。証人が法廷でウソをついたとしても、それによって裁判官がだまされて不当な判決や間違った判決を下すとは限りません。そのため偽証罪はウソをつくことだけで構成要件を満たすことになります。こういうものを行為犯というわけです。ちなみに、行為犯は「挙動犯」と呼ばれることもあります。後述する国家秘密漏洩罪などがこれに該当します。

これらを頭に入れたうえで条文を振り返ってみましょう。第110条は文理上、結果犯であり、「スパイ組織に参加し、またはスパイ組織およびその代理人の任務を受け入れる行為を実施する」のみならず、「国の安全に危害を及ぼした」という結果が求められる言い回しになっています。もっとも、2024年7月24日に国家安全部が公表した事例解説によれば、任務受入れ＝国家安全に即時危害となるので、狭義のスパイ罪は行為犯であるとします。一方、第111条では「国の安全に危害を及ぼした」という結果の発生までは求められません。「窃取」は本来結果犯ですが、当該事案解説によれば「偵察」「買取り」「提供」は行為犯とされるでしょう。

第110条の狭義のスパイ罪で逮捕起訴されたときに、「確かに、スパイ組織の代理人の任務を受け入れたと認められる事実があるかもしれない。しかし、だからといって自分は中国の国家安全を害してはいないはずだ！」と反論する被告人もおそらくいるでしょう。これは多くの被告人が行う典型的な主張だろうと推測します。詳しい説明は第4章に譲りますが、中国ではそうした主張をしても通らないのが実情です。

また、刑法には「未遂犯」の規定（第23条）もあれば、「予備犯」の規定（第22条）もあることに注意が必要です。

第22条 罪を犯すため、手段を準備し、条件を作り上げた場合には、犯罪の予備である。
第2項 予備犯に対しては、既遂犯に照らして軽きに従い処罰し、または処罰を減軽し、もしくは処罰を免除することができる。
第23条 既に犯罪の実行に着手し、犯罪者の意思以外の事由により目的を達成し得なかった場合には、犯罪の未遂である。
第2項 未遂犯に対しては、既遂犯に照らして軽きに従い処罰し、または処罰を減軽することができる。

特に注意しなければならないのが、予備犯の規定です。予備犯とは、犯罪の実行に着手する段階に至っていない場合でも「罪を犯すため、手段を準備し、条件を作り上げた」だけで刑法違反が成立することをいいます。

これは予備罪の処罰が極めて限定的であり、また未遂犯も未遂犯を処罰する旨の個別規定がない限り処罰対象としない日本刑法と異なり、すべての犯罪に広く適用されるため、第110条の「国家の安全に危害をおよぼす」には該当しなくても、未遂犯や予備犯の要件は成立する可能性があるのです。そのため、「国の安全に危害を及ぼしたわけではないから第110条違反ではない」という反論はおよそ認められることはないでしょう。したがって、広義のスパイ罪の「型」を満たせば、実際には国家の安全に危害を及ぼしたかどうかを問わず、予備犯や未遂犯としての刑法違反が成立し、刑事処罰を受ける可能性があることを、中国に駐在員や研究員などを派遣する企業や組織は知っておく必要があるでしょう。

違い④　構成要件として予定された行為が異なる

4つめの違いは、「犯罪の構成要件として予定された行為が異なる」ということです。

これはどういうことでしょうか。第110条に規定するスパイ罪は、「スパイ組織に自ら参加する」もしくは「スパイ組織にあたる組織および代理人の任務を受け入れる行為」をしたときに成立するものです。たとえば日本人駐在員は日本の企業から中国に派遣されているのですから、自分の会社の中国法人でも何でもない、まったく別のスパイ組織となり得る組織に参加するということはおそらくないでしょう。しかし、スパイ組織とされる組織の代理人の任務を受け入れることはあり得ます。日本政府組織の中で、中国にスパイ組織と認定されている組織があり、そこから業務を委託されることで、「代理人の任務を受け入れる」行為になるからです。ただ、「スパイ組織の代理人の任務を受け入れる」との概念は非常に広範かつ抽象的であり、類型化できるものではありません。そのため、これは非常に広い範囲に及ぶだろうと考えます。

一方、第111条の犯罪類型では、国家秘密や情報を窃取したり偵察したりする行為をしたときに成立します。その行為類型は特定性が明確かつ類型的で成立範囲も限定的となります。こういった違いが出てくるわけです。どのようなものを窃取したり偵察したりしてはいけないのか、については第4章で詳しく説明します。

刑法の「スパイ罪」で捕まったらどうなるか

もし、日本人駐在員が第110条・第111条のいずれかに違反した場合、どのような裁判手続きを踏むのでしょうか。また、どのように刑罰が決まってどのように罰せられるのでしょうか。

最大6カ月間居住監視され、その後逮捕される

まず、国の安全に危害を及ぼす事件を管轄している国家安全局の職員が突然現れ、何の前触れもなく身柄を拘束されます。海外在住者でも、たまたま中国に一時滞在しているときに拘束されることも珍しくありません。本書を執筆している2024年3月にも、神戸学院大学の中国人研究者が一時帰国した際に消息を絶ったことが報道されていました。いつ行ったどのような行為によって身柄を拘束されることになったのか、まったく知らされません。拘束された人の本国政府やマスコミにはもちろんのこと、拘束された本人ですら詳しいことを説明されないまま拘束されます。その後、しばらく「居住監視」という措置がとられます。居住監視とは、自宅もしくは自宅外の別の場所で国家安全局の職員に入浴や排泄も含めて24時間生活を監視される生活を送るものです。最大6カ月もの間、監視される生活が続きます。昨年スパイ容疑で身柄を拘束された製薬会社社員も、もっとも長い期間である6カ月間、居住監視をされていたと考えられます。

日本・中国間で締結されている日・中領事協定（領事関係に関する日本国と中華人民共和国との間の協定）で拘束後4日以内に日本の大使館もしくは総領事館に当局から連絡を取ってもらうことになっていますが、居住監視の期間中は大使館や総領事館の職員との面会はできません。居住監視が終わると、正式に逮捕となります。中国における「逮捕」とは、3つの要件がそろったときになされるものです。その要件とは、①犯罪事実があったことを示す証拠があり、②懲役以上の刑罰になると予想され、③取保候審（保証金等を提供することで拘禁されない代わりに一定の遵守事項が課される）では社会的危険性の発生を防止できない、の3つです。これまでスパイ容疑をかけられて身柄を拘束された邦人は最初に居住監視され、その後、刑法第110条・第111条を合わせた「広義のスパイ罪」が成立する疑いのある事実が認められた場合、3つの逮捕の要件をすべて満たすために逮捕され、その後、起訴されるものと推測されます。

居住監視を経て逮捕・起訴されると、日本と同様にほとんどの場合有罪となってしまうため、判決を覆すことはほぼ不可能でしょう。2019年に湖南省で国家安全当局にスパイ容疑をかけられて身柄を拘束され、その後裁判で懲役12年の実刑判決を受けた邦人がこの判決を不服として上訴した例があります。しかし、報道によれば、二審で上訴が棄却されたそうです。中国は日本のような三審制ではなく二審制のため、懲役12年の刑罰がそのまま確定してしまいました。この例からも、スパイ罪の疑いで逮捕・起訴されると、よほどの幸運がない限りは無罪判決を勝ち取るのが相当困難であることは想像に難くありません。

中国における刑事訴訟手続きの流れ

では、スパイ容疑で逮捕された場合、具体的にどのような刑事訴訟手続きを踏むのか、中国の刑事訴訟法で定められたルールについて解説します。

中国の刑事訴訟法は刑法典と同じ1979年に採択され、1980年1月1日に施行されました。刑事訴訟手続きは人民検察院（日本でいう「検察庁」）が主体となる「公訴手続」と、被害者が訴えを起こす「自訴手続」の2種類がありますが、原則は公訴となり、広義のスパイ罪の場合も公訴になります。

一般的な刑事裁判の大まかな流れは、①立案（立件）②捜査③起訴審査④公判⑤第二審となります。日本では刑事事件の場合、逮捕が先でその後勾留となりますが、中国での場合は刑事拘留されたのちに逮捕、という流れになります。なお、スパイ罪の場合は最初に「居住監視」があるため、こちらとは少々異なる手順を踏みます。

①立案（立件）

立案は原則として公安機関の管轄となりますが、その管轄機関が立案を決定したときに刑事事件となります。管轄機関は事件・犯罪類型や事件発生地域によって例外があり、広義のスパイ罪のように国の安全に危害を及ぼす刑事事件の場合は、国家安全機関が管轄となります。立件のきっかけとなるのは告訴や通報、摘発、自首などがあります。

②捜査（原則2カ月、最長7カ月）

次に、取調べや検証、検査といった証拠資料の収集と事実解明のための活動を行います。また、同時に指名手配や捜索、差押えなどの強制措置を実施します。取調べ等については、2012年の改正で、死刑や無期懲役となる可能性のある事件などの重大事件のときには、取調べにおける録音または録画が義務づけられました。強制措置は人身の自由を一定程度制約するもので、勾引や取保候審、拘留、逮捕があります。先ほどから出てきている居住監視もこの中に入ります。いずれの場合も、令状主義ではなく、捜査の実施期間やその上級機関で判断のうえ実施して良いとされています。

捜査の結果、証拠が十分にあり刑事責任を追及すべきだと判断した場合は、起訴意見書や記録、証拠などを人民検察院に送致します。

③起訴審査（1カ月、最長1カ月半）

起訴意見書などを送致された人民検察院では、事件を審査して起訴するかどうかを判断します。審査をした結果、証拠が十分にあり、犯行が確実で刑事責任を追及すべきだと判断した場合は、公訴を提起し、記録や証拠を管轄の法院（スパイ罪の場合は中級人民法院）に送致します。補充捜査が必要と判断した場合は、事件を人民検察院に差し戻す、もしくは自ら捜査を行います（ただし2回まで）。2回の補充審査をしてもなお証拠が不足している、または不十分である場合は、不起訴となり事件は終了します。

④公判（第一審：原則2カ月以内）

日本では事件のあった土地や被告人の住む土地等によって管轄の裁判所が変わりますが、中国では事件のあった土地のみならず、事件の種類によって公判を担当する裁判所（人民法院）が変わります。スパイ罪などの国家安全に危害を及ぼす事件やテロ活動事件、死刑または無期懲役が見込まれる事件の場合は中級人民法院が管轄の裁判所になります。起訴状を受け取った法院で審査をした後、犯罪事実が明確である場合は必ず開廷して審判を行わなければなりません。審判は原則として公開で行われます。公判の順序は日本と同じように、開廷したのちは法廷調査（証拠調べ）、法廷弁論、被告人による最終陳述と続き、その後、休廷して裁判官で評議し、判決が言い渡されます。

⑤第二審（原則2カ月、最長4カ月以内）

第二審が行われる場合は、上級人民法院で行われます。中国における上訴には2パターンあります。1つ目は、一審判決・裁定に誤りがある場合に人民検察院が行う上訴です。2つ目は、被告人（または自訴人もしくは被告人の弁護人・近親者）が行う上訴です。第二審では事実認定や法律適用などを審査し、判決が言い渡されます。先ほども述べたように、中国は二審制を取っている国なので、第二審の判決をもって裁判が終了し、刑が確定します。

各国のスパイ罪(に類似した法律・罪名および処罰内容)に関する比較

日本にはスパイ行為を規制する法律はありませんが、海外には反スパイ法や刑法のスパイ罪に似た法律があります。その中で、3カ国ほど取り上げて紹介したいと思います。ただし、以下に挙げる法令に関して十分な知見を持ち合わせているわけではないため、誤解や間違いがあるかもしれません。その点につきましては、なにとぞご海容いただけますと幸いです。あくまで正確性に疑義があるかもしれないことを前提とした参考程度にご理解ください。

アメリカ

アメリカにあるスパイ行為を規制する法律は、Espionage Act(「スパイ活動防止法」「諜報活動取締法」「防諜法」などの訳があります)と呼ばれるものです。この法律は、アメリカが第一次世界大戦に参戦して間もない頃の1917年に成立した法律で、表現の自由を規制して軍事・国防の秘密を保護するとともに、スパイ行為を処罰することを目的として制定されました。第一次世界大戦中、ある人物が反戦文書を配布して兵士の軍への服従や徴兵活動を妨げたとして起訴された事例もあります。このEspionage Actは、のちに合衆国法典化され、現在は第18編(犯罪)の

793条から798条に条文が収められています。

たとえば、793条は「国防に関する情報を入手する目的で、その情報が合衆国に危害を及ぼし、また外国の利益のために使用する意図や理由をもって防衛設備などの情報を収集することを禁止する」などの6つの項から成る条文となっています。違反した場合は罰金もしくは10年以下の懲役またはその両方に処せられます。

794条は「合衆国に危害を及ぼし、また外国の利益のために使用する意図や理由をもって、外国政府等に対して国防に関する情報等を送信等することを禁止する」もので、違反した場合は死刑または無期懲役に処せられる、という非常に重い刑罰が規定されています。

795条・796条・797条は、防衛施設の撮影やスケッチまたはその販売の禁止、そのための航空機の使用を禁止することをうたった条項です。

798条は機密情報の開示について規定した条文で、合衆国の安全や利益を損なうため、または外国政府の利益のために機密情報を権限のない者に提供・送信させることを禁止するものです。違反した場合は罰金もしくは10年以下の懲役またはその両方に処せられます。

ただ、アメリカのスパイ活動防止法も、「国防に関する情報」の明確な定義がない、処分の対象となる行為を「合衆国へ危害を与える」「外国の政府に有利となる」意図などをもった行為に限定していないなど、さまざまな問題をはらんでいます。

近年では、ある若い空軍州兵が米国防総省の機密文書をゲーム関連のソーシャルメディアにアップしたことで、スパイ活動防止法違反など6つの罪に問われています。また、トランプ前大統領も、退任時に大量の機密文書を南部フロリダ州にある邸宅に持ち出し、連邦大陪審がスパイ活動防止法違反など7つの罪で起訴したと発表されています。

オーストラリア

オーストラリアでは2018年に外国のスパイ行為や内政干渉を防止することを目的として、スパイ防止法が改正されました。この法律では、スパイ行為を「(オーストラリアの国益を損ね、外国政府の国益になる、またはその両方が生じるような)情報を扱い、それを外国政府に送信すること」と定義しています。また、外国からの内政干渉を「外国政府によって、または外国政府を代表して実行された活動」としています。それらをオーストラリアの主権や価値観や国益を損なうものと位置づけました。この改正法では、スパイ活動や外国勢力による秘密工作や欺瞞工作、脅迫行為を防止する規定が新設されたほか、外国の政府や企業の代理人となる個人・団体には登録を義務づけており、違反すれば最長25年の拘禁刑に処せられます。

スパイ防止法を強化した背景には、外国勢力がオーストラリアの国益に反する活動を行っており、オーストラリアの安全保障や国防の脅威となっていることがあげられています。中国政府側は否定していますが、オーストラリアの情報機関によれば、中国政府が政治献金制度を利用してオーストラリアに内政干渉していたと報道で伝えられていますが、真偽のほどはわかりません。

しかし、オーストラリア国内からは「対象が広すぎて表現の自由や政策についての公の議論を制約しかねない」などと批判の声があがったため、何度も修正されたそうです。しかし、オーストラリアの憲法では表現の自由が明文では保護されていないこともあり、メディアからは報道の自由を制約するものであると変わらず批判されています。オーストラリアの主要紙は、2019年10月21日の紙面で、報道の自由の規制に反対の意思を示すために、政府への抗議の意味を込めて一斉に一面に黒塗り記事を掲載しました。ほとんどの単語が黒塗りとなり、まるで検閲を受けたかのような紙面となりました。

2023年には、オーストラリアのIT専門家が外国人スパイから話を持ちかけられて安全保障に関する重要な情報を提供したとして逮捕、訴追されています。報道によれば、この事案は、2018年にスパイ防止法が改正されて以来、訴追されるのは2人目となるそうです。

イギリス

イギリスでは、敵対する外国の勢力のスパイ活動や政治システムへの干渉、サイバー作戦などへの干渉といった脅威が増大していることから、2023年7月11日にNational Security Act 2023（2023年国家安全保障法）が制定されました。施行が制定と同日となる8カ条以外の施行日は主務大臣の定める規則に委ねるとされていますが、第1部から第3部および第92条から第94条までは2023年12月20日施行とされています。その代わり、1911年、1920年、1939年の存在していた公務秘密法が廃止されました。公式文書の不正開示について規定した

1989年公務秘密法についてはまだ有効とされています。

この法律の目的は、イギリスの法執行機関と情報機関が現代のあらゆる脅威を抑止、検出、阻止することです。この法律では、スパイ行為を「保護された情報の取得または開示」「企業秘密の取得または開示」「外国諜報機関の支援」の3つと定義づけています。法律に違反してこれらのスパイ行為を行った場合、14年以下の拘禁刑もしくは罰金またはその両方が科されます。また、サイバー攻撃を含め、重要インフラや情報システムなどの資産に損害を与える行為を妨害行為罪と規定し、その行為が資産に損害を与えることを意図したものであること、損害を与えるかどうかに対する思慮がないこと、イギリスの安全または利益を害するためであること、または外国勢力のために損害を与える行為であることを構成要件としました。違反した場合には終身刑もしくは罰金またはその両方が併科されます。

また、外国勢力による国家の脅威となる活動への関与を防止または規制するために規定された「国家の脅威に対する防止および調査措置」もあります。テロ等で有罪判決を受けた者が民事法律扶助を受ける場合に制限を設ける規定も設けられました。さらに、オーストラリアと同様、イギリス国内で外国勢力の指示などによって活動を行う者には登録を義務づける「外国影響力登録制度」も新たに制定されています。今後、イギリス国内でのスパイ組織および外国の敵対勢力の活動抑止となるものと期待されます。

第4章

スパイと疑われないためにはどうすればいいのか

ここまで、反スパイ法や刑法のスパイ罪について説明してきました。これまでの説明を簡単に振り返っておくと、反スパイ法の対象は、2023年の改正によって非常に抽象化・曖昧化されたものの、違反した場合は行政処罰を受けるのみ。最長でも15日間の行政拘留または反則金もしくは違法に取得した財産を没収される、最も重い処罰でも国外退去、というものでした。一方、刑法に規定された「広義のスパイ罪」では違反すれば数年あるいは十数年にわたる懲役刑に処せられ、法的可能性として死刑になることもあり得る（もっとも前述のとおり実際に死刑判決を受けるのは、中国の元国家安全部職員や元外交官など高度な国家秘密を知る者に限られると思われます）、というものでした。

ここで読者の皆さんが最も気になるのは、「どうすれば中国でスパイと疑われずにすむのか」という一点に尽きるのではないでしょうか。残念ながら、「こうすれば絶対に大丈夫！」と言えるものはありません。ただ、中国では国有メディアである新華社などが国家安全教育のために「最近こんな違反事例がありました」と反スパイ法や刑法のスパイ罪の違反事例を一部公表してくれています。それらを見ていると、おぼろげながらではありますが「最低限こうすることは避けるべきだ」「これは知っておくべきだ」というものが見えてきます。こうした教育的事例が積極的に公表されるようになったのも、中国公民に不満が蓄積するのを避けるために、一方でスパイ規制を強化しつつ、他方で何をすれば当該規制の対象になるのかという、中国公民の予測可能性を担保するための反スパイ教育のバランス維持が重要になってきたからである、と考えられます。そうすると、私たち日本人もそこから予防学的知見を得るべきです。

「国家秘密」と「情報」の違いを知っておく

スパイ罪と疑われる行動を取らないためには、まず「国家秘密」と「情報」の違いを知っておくことが非常に重要です。なぜなら、刑法の広義のスパイ罪では「国家秘密または情報を窃取し、偵察し、買取り、または不法に提供」する行為がスパイ行為とみなされ刑法違反にあたるとされているからです。どのような「情報」を窃取し、偵察し、不正に提供するかによって、反スパイ法違反になるのか、刑法のスパイ罪になるのかが変わってきます。

国家秘密とは

まず、「国家秘密」から見ていくことにしましょう。国家秘密については、1988年に制定された国家秘密保持法という法律に定められています。この法律は2010年、2024年と2度改正されていますが、改正刑法と同じくらい長い歴史のある法律であるといえるでしょう。この法律の第14条・第15条にはこのように書かれています。

> **第14条** 国家秘密の秘密等級は、絶対秘密、機密および秘密の三等級に分かれる。
> **第2項** 絶対秘密等級の国家秘密は、最も重要な国家秘密であり、漏洩により国の安全およ

> び利益に特別に重大な損害を被らせるおそれがある。機密等級の国家秘密は、重要な国家秘密であり、漏洩により国の安全および利益に重大な損害を被らせるおそれがある。秘密等級の国家秘密は、一般の国家秘密であり、漏洩により国の安全および利益に損害を被らせるおそれがある。
>
> **第15条** 国家秘密およびその秘密等級の具体的範囲（以下「秘密保持事項範囲」という）は、国家秘密保持行政管理部門が単独で、または関係する中央国家機関と協働してこれを規定する。
>
> **第2項** 軍事方面の秘密保持事項範囲は、中央軍事委員会がこれを規定する。
>
> **第3項** 秘密保持事項範囲の確定においては、必要かつ合理的であるという原則に従い、科学的に論証・評価し、かつ、状況の変化に基づき遅滞なく調整しなければならない。秘密保持事項範囲の規定は、関係する範囲内において公布しなければならない。

また、国家秘密保持法には補助的法令として2014年3月1日に施行された国家秘密保持法実施条例があり、国家秘密の名称や等級など具体的なことを定めなければならないとしています。

第8条　国家秘密およびその秘密等級の具体的な範囲（以下「秘密保持事項範囲」という）には、国家秘密の具体的事項の名称、秘密等級、秘密保持期間および知悉《ちしつ》範囲を明確に定めなければならない。
第2項　秘密保持事項範囲は、状況の変化に基づき遅滞なく調整しなければならない。秘密保持事項範囲を制定し、および修正する場合には、十分に論証し、関係機関および単位ならびに関連分野の専門家の意見を聴取しなければならない。

これらの条文で何を言っているのかを簡単に整理すると、次のようになります。

・国家秘密には最も重要なものから順に「絶対秘密」「機密」「秘密」の3つの等級がある。
・「絶対秘密」とは、最も重要な国家秘密であり、漏洩すると国家の安全および利益に特別に重大な損害が生じるおそれがあるもの。
・「機密」とは、重要な国家秘密であり、漏洩すると国の安全および利益に重大な損害を生じるおそれがあるもの。
・「秘密」とは、一般の国家秘密であり、漏洩すると国の安全および利益に損害を生じるおそれがあるもの。
・国家秘密やその等級ごとの具体的範囲については、中央政府のほうで秘密裏に設定し、調整する。

・その範囲は、社会情勢等の変化によって調整する。修正するときは関係機関や専門家の意見を聞く。

これらの条文中には、この3つの等級にはどんな内容が含まれるのかは明確にされていません。しかし、条文から察するに、国家秘密の具体的な内容については、中央政府の各関係部門の中では共有されるものと推測されます。逆に言えば、中国公民ですらその正確な等級や具体的範囲について知ることはできませんし、知ってはいけないということです。日本を含む海外の民間企業や、海外に本部があって中国に現地法人等を置く企業は言わずもがなでしょう。

ただ、国家秘密の中身は秘密裏にされているとはいえ、内容を推測できるものも一部あります。あくまでも私の推測にすぎませんが、たとえば中国共産党の上層部にいるリーダーのスケジュールや健康状態、軍事上の情報などは、最上級の国家秘密である「絶対秘密」にあたるだろうと想像します。結局のところは、中国本土で何らかのリサーチを行う際には、おのおのが想像力を働かせて「これは国家秘密にあたるのではないか」、「その可能性があるならば、リサーチ対象から外すべきではないか」と一つひとつ目を光らせて自制することが、ご自身の身を守るうえで必要になります。

国家秘密を取得するだけで、刑法違反で処罰される可能性も

第3章では、刑法の条文は広義のスパイ罪に当たる第110条と第111条、死刑の規定のある第113条について説明しました。これらの条文で「情報」について規定している内容は、国家秘密や情報をスパイ組織または外国の政府や組織等のために「窃取」「偵察」「買取り」「不法な提供」をすることを禁止する、というものでした。ところが、これらには該当しなくても、国家秘密を取得するだけで処罰する規定（国家秘密の取得に関する補助的禁止規範）が刑法にはあります。こちらは、利益享受者である「境外の機構、組織または人員」を特定できない場合等に適用される、広義のスパイ罪に対する補助的規定です。

> **第282条第1項（国家秘密不法取得罪）** 窃取、偵察行為または買取りの方法により、国家秘密を不法に取得した者は、3年以下の有期懲役、拘役、管制または政治的権利の剥奪に処する。情状が重大である場合には、3年以上7年以下の有期懲役に処する。

また、国家秘密を保有したり漏洩したりする行為を禁止する条文も、刑法に規定されています。

第282条2項（国家の絶対秘密もしくは機密の文書、資料または物品を不法に保有する罪） 国家の絶対秘密または機密に属する文書、資料その他の物品を不法に保有し、源泉および用途の説明を拒絶する者は、3年以下の有期懲役、拘役または管制に処する。

第398条（故意による国家秘密漏洩罪、過失による国家秘密漏洩罪） 国家機関業務人員で、国家秘密保持法の規定に違反し、故意に、または過失により国家秘密を漏洩し、情状が重大であるものは、3年以下の有期懲役または拘役に処する。情状が特別に重大である場合には、3年以上7年以下の有期懲役に処する。

第2項 国家機関業務人員以外の者で、前項の罪を犯した者は、前項の規定により事情を考慮して処罰する。

これらの国家秘密を取得または保有もしくは漏洩するだけの行為は、国家安全に対するリスクの観点から見ればリスクは低くなるので、第110条・第111条と比べると法定刑も必然的に軽くなります。とはいえ、これらの行為をすれば身柄を拘束され、数年単位の拘禁刑を含む刑事処罰の対象となる可能性はあるので、用心するに越したことはありません。

たとえば、国家公務員に国家秘密を漏洩するよう働きかけた、という事案があるとします。この行為がスパイ組織のため、あるいは日本の民間企業など外国の組織のために行ったものではなかったとしても、そうしたことをするだけで国家安全当局からはスパイ行為と評価される可能性がありますし、そうでないとしても国家秘密不法取得罪など補助的規定に違反する疑いで身柄を拘束されるおそれがあります。そうなれば、起訴されて裁判にかけられ、数年の拘禁刑に処せられてしまうリスクがあることは皆さんにも知っておいていただきたいと思います。

情報とは

次に、「情報」についてです。「情報」は、第1章でも説明したように、「情報（qingbao：チンバオ）」と呼ばれるものと、「信息（xinxi：シンシ）」と呼ばれるものの2種類があります。前者は国家秘密ではないものの、なお秘密性が重視されるため、刑事処罰の対象として、その抑止効果をもって保護を図るべきものであると考えられています。英語でいうとintelligenceにあたるものです。スパイ映画によく出てくるアメリカのＣＩＡ（中央情報局）という組織がありますが、この「Ｉ」はIntelligenceの「Ｉ」を指します。これがqingbaoと呼ばれる「情報」に相当するものです。一方、後者の「信息（xinxi）」は、秘密性を重視しない、誰でも入手できる一般的な公開信息のことを指します。英語で言うとinformationにあたります。英語で考えると、その違いがとてもわかりやすいです。

情報と信息は何が異なるのでしょうか。この両者の違いは、秘密性の有無にあります。秘密性のある情報収集は広義のスパイ罪など刑事責任を問われるリスクがあるけれども、秘密性のない信息収集についてはそのリスクはない、というわけです。

たとえば、新疆ウイグル自治区周辺を取材したニュース記事をかき集めたとします。それが中国で人権弾圧が行われていることを示すための動機（中国から見ると悪質な動機）と結び付いた有機的な信息の結合体になったとき、改正反スパイ法で拡張したスパイ概念に基づく違法行為にあたり、行政処罰が科されるリスクが生じます。前述のとおり、公開信息を積み上げて分析する行為がOSINT（オシント）と呼ばれるスパイ行為の一つとして世界的に認識されていますが、中国としては改正反スパイ法がそのことと整合性のとれた立法であると主張するであろうと推測します。一方、中国国内でオープンにされている信息をいくら積み上げても、それは結局、秘密性のない信息の結合体にすぎませんので、これにより国家秘密や情報に基づく広義のスパイ罪を理由とする刑事処罰が科されるおそれはありません。あくまで行政処罰止まりとなります。

もっとも、中国国内でのリサーチを積み重ねて中国から見て悪質な動機と結び付いた信息の結合体ができ、そこにごく僅かでも国家秘密や情報が混入した場合は、それを手掛かりに広義のスパイ罪で刑事訴追されかねませんので注意が必要です。

日本で公開された信息であっても中国ではなお「情報」である場合がある

ところで、情報については、刑法第111条と反スパイ法に規定されている禁止規範の書き方がとても似ています。ほぼ同じと言っても良いでしょう。ここに登場する「情報」の意味については、2000年の最高人民法院（日本でいう最高裁判所）で採択された司法解釈（裁判の時に根拠となる規範）の中で、次のように書かれています。

> **境外のため国家秘密または情報を窃取し、偵察し、買取り、または不法に提供する事件を審理する際の具体的な法律適用にかかる若干の問題に関する最高人民法院の解釈**
>
> **第1条第2項**　刑法第111条所定の「情報」とは、国の安全および利益に関係し、公開されておらず、または関係規定により公開しないものとされる事項をいう。

ここでいう「公開されておらず」とは、文字どおりオープンになっていない、秘密裏にされているとの意味です。このことは読めばおわかりいただけるでしょう。しかし、注意すべきはその後の「関係規定により公開しないものとされる事項」です。これは公開されてしまった「情報」ではあるけれども、関係規定によって公開されるべきではなかった場合には、公開の事実にもかかわらず、なお秘密性を持つ情報として取り扱われることがあることを意味します。したがって、何らかの理由により情報が誤って公開されたとしても、そのことを理由に情報が信息になるとは限らない、という点に注意が必要です。

この論点に関しては、特に日本で公開された信息が中国でも信息だと誤解されることがないよう、高度に警戒しなければなりません。例えば日本で発表されている北朝鮮に関する報道は、世界的にはオープンになっており、知ろうと思えばだれでも自由に知ることのできる状態になっているので、秘密の情報でも何でもありません。しかし、中国では国有メディアである新華社がこのような情報を公開しない限り、非公開情報として扱います。天安門事件に関する話題も日本ではWikipediaなどを通じて詳細を知る機会がありますが、日本では信息であっても、中国では今後も半永久的に情報のままでしょう。したがって、このような話題を中国の国家公務員（中国の公務員は北京以外の、例えば上海にいる公務員も全員国家公務員であり、日本の地方公務員に相当する職位はありませんので注意が必要です）に質問したり話題として討論したりすると、それだけで広義のスパイ罪の嫌疑をかけられるリスクが生じます。

また、中国国内で日系企業が社内研修を行う場合でも、日本で見聞きした北朝鮮や天安門事件に関する信息を、中国でも信息に違いないと誤解して話題にしようものなら、広義のスパイ罪を含む刑事犯罪の構成要件を満たさないとしても、不必要に国家安全当局から危険な企業として目をつけられる契機になりかねません。そうすると、日本人総経理（社長）などが監視される中で、日本人総経理が国家秘密や情報に少しでも触れた機会に「江戸の敵を長崎で討たれる」リスクが現実化しないとも限りません。したがって、中国国内で、特に中国語で社内研修等を行う際には、配布資料にはこのような情報を載せない、口頭でも言わないようにするのが無難です。

もちろん、平素からも、中国人従業員とそのような危険なテーマで談笑することは厳に慎むべきです。それが飲み会のくだけた場であったとしても、です。現在、国家安全当局は日本の１１０番に相当する電話番号（１２３３９）まで設けて、スパイ行為の疑いがある行為を見かけた場合に当局まで積極的に密告することを強く奨励しているのですから、そのような言動を繰り返す日本人駐在員は必ず監視対象となる、と肝に銘じるべきです。

改正反スパイ法と刑法におけるスパイ罪の規制対象の違いとは

改正反スパイ法第4条第1項第3号では、本来はオープンとなった情報を含む信息にすぎないはずの「国の安全および利益に関係するその他の文書、データ、資料もしくは物品」までが、「窃取し、偵察し、買取り、もしくは不法に提供」してはならないとする対象に加えられました。このことによって、改正反スパイ法が規定し、行政処罰の対象となる「スパイ行為」の定義が一層抽象化・曖昧化しました。その分、行政処罰法に触れることを理由として摘発され、何らかの行政処罰を受ける可能性も高くなったといえるでしょう。

旧反スパイ法では「国家秘密や機密性を帯びた情報に手を出すと、スパイと疑われるのでまずい」とある程度想像ができました。しかし今回の改正で、広く社会に出回っているような公開信息の一部を窃取し、偵察し、買取り、不法に提供することまで処罰の対象となりました。本書を読んでおられる皆さんは、それが具体的にどのような信息なのか知りたいと思うでしょうが、残念ながら「国の安全および利益に関係するその他の文書、データ、資料もしくは物品」という条文の文言しか手掛かりがありません。

もっとも、これについては前述のとおり、中国を批判し攻撃するための目的・動機（中国から見ると悪質な目的・動機）と結び付いた有機的な信息の結合体になったときに限り、行政処罰の対象となる、と考えておいてよさそうです。信息の結合体のレポート等からそのような目的・動機がうかがわれる場合には、その信息の収集行為が信息を「窃取し、偵察し、買取り、もしくは不法に提供」すると評価され得る、というわけです。

近時、中国で金融や経済に関する通常のリサーチ業務に従事している方々から、「当該業務を行っていて広義のスパイ罪や改正反スパイ法違反の疑いを掛けられる危険がないか」と問われることがありますが、公開信息に依拠し、かつ、中国から見て悪質な目的・動機と結び付かない場合には、まったく問題がないと考えています。たとえば、中国は現在不景気に苦しんでいる部分がありますが、公開信息を収集し、不景気の程度を客観的に分析することで刑事責任を科される危険があるとはまったく思いません。それが度を越して、中国政府の公表するデータは虚偽ばかりであるといった論調と結び付く場合、悪質な目的・動機と結び付くものとして、改正反スパイ法により行政処罰を科される危険が生じるにすぎません。

以上を踏まえて、改正反スパイ法で規定する「スパイ行為」と、刑法で定められた「広義のスパイ罪」における「スパイ行為」の規制対象となる「国家秘密」、「情報」、「信息」の範囲が異なることを整理しておきましょう。これまで字面では繰り返し説明してきましたから、よりわかりやすくするために今までの説明を次のページに図で示しました。

私はセミナー等でこの説明をするときに、よく「まんじゅう」をたとえにします。この円の中心にある国家秘密の部分が「あんこ」、その外側にある「情報」・「信息」が「まんじゅうの皮」

改正「反スパイ法」の規制対象

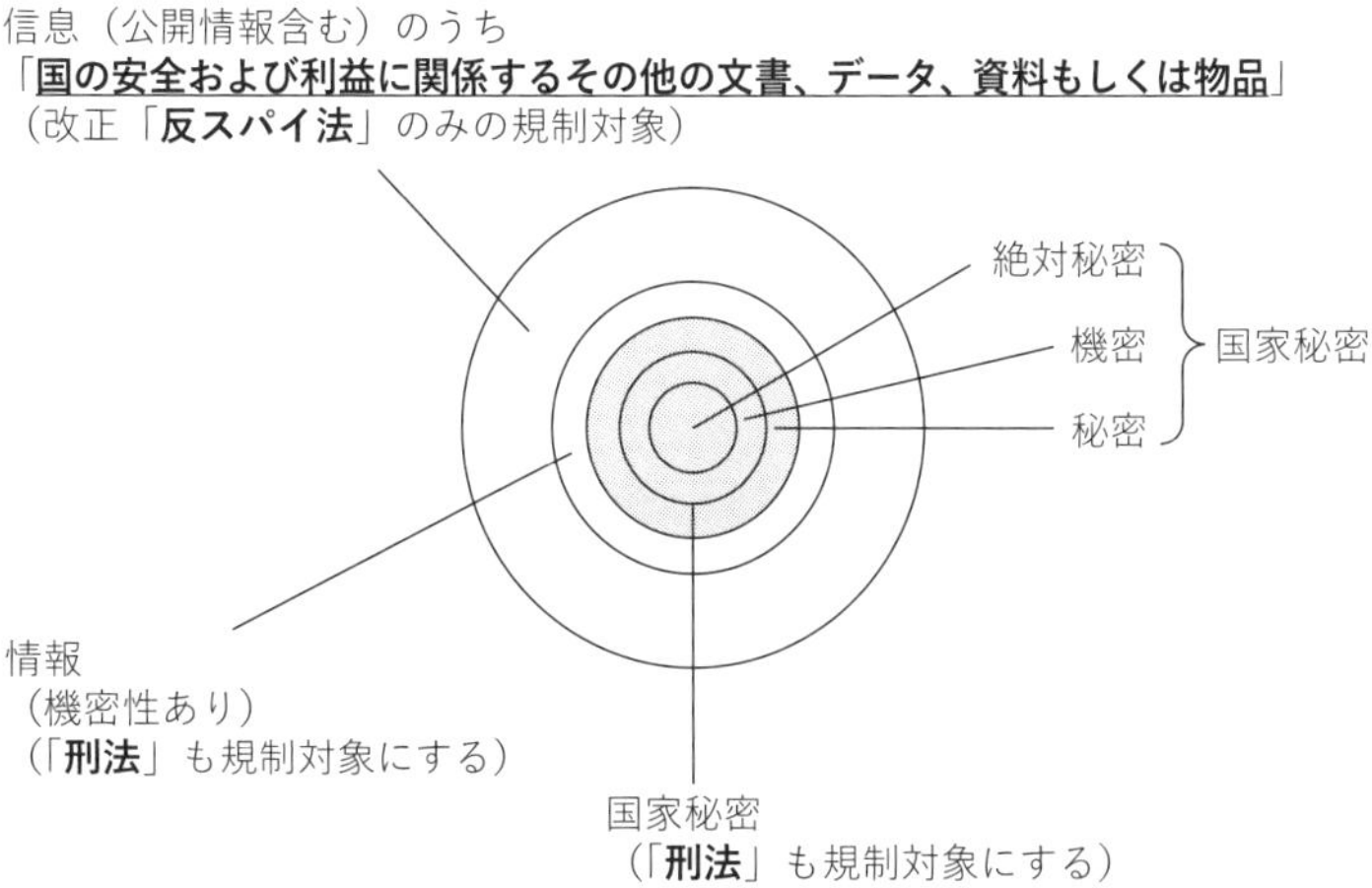

になります。

まずは、「あんこ」の部分から注目して見てみましょう。国家秘密には、絶対秘密・機密・秘密の3等級あることはすでに説明しましたが、この図では3層構造の「あんこ」で表しました。あんこの一番中心になるのが「絶対秘密」です。たとえば、中国共産党のリーダーのスケジュールや健康状態、軍事情報などがこの「絶対秘密」に含まれると考えられます。そのすぐ外側が、絶対秘密よりもランクは落ちるけれども重要度の非常に高い「機密」になります。さらにその外側を、機密よりもさらにランクが落ち、前二者ほどにはセンシティブさを伴わない「秘密」が覆っています。「あんこ」に触れると、広義のスパイ罪や国家秘密不法取得罪など広い範囲の刑事責任の対象にも改正反スパイ法違反による行政処罰対象にもなります。

次に、あんこの外側にある「まんじゅうの皮」の部分に目を向けてみましょう。こちらは2層構造になっています。内側にある「皮」が、機密性の高い「情報」、つまりインテリジェンスです。それが「あんこ」のすぐ外を覆っています。「情報」に触れると、広義のスパイ罪による刑事責任の対象にも改正反スパイ法違反による行政処罰対象にもなります。

さらにその外側をくるんでいるのが、公開信息のうち、「国の安全および利益に関係するその他の文書、データ、資料もしくは物品」ということになります。これは中国から見て悪質な目的・動機と結び付く場合、改正反スパイ法違反による行政処罰対象になります。しかし、広義のスパイ罪に問われる危険はありません。

この図で示しているように、一番外側の「皮（＝「信息」）」のうち、「国の安全および利益に関係するその他の文書、データ、資料もしくは物品」だけが、改正反スパイ法で拡大した規制対象となります。そして、改正反スパイ法でいくら規制対象が拡大したとはいえ、改正反スパイ法に違反したことを理由に、数年あるいは十数年にも及ぶ長期拘禁刑になる可能性（それは広義のスパイ罪による刑事責任です）はない、ということもわかると思います。

改正反スパイ法違反を理由に摘発された場合は、第2章でも説明したように行政処罰を受け、行政拘留が科されることもあり得ます。しかし、その場合にも最大15日であり、刑事処罰を受けるよりもずっと軽い行政処罰ですみますので、そのあたりは比較的安心材料になるのではないでしょうか。

違反行為を避ける手がかりを法律の条文や事例から得る

以上、広義のスパイ罪や改正反スパイ法に関する法理論を学んできましたが、なお抽象度が高く、完全な類型化もできていません。しかし、それを試みることはとても難しいことです。最近、世に姿を現し、反スパイ教育に熱心な中国の国家安全当局も公開事例などでヒントしか教えてくれませんし、日本と中国を30年近く往復してきた私でも、「こうすれば絶対大丈夫！」ということを教えられないのが実情です。しかし、ある程度手がかりはあるので、そこから学びを得ることはできます。ここでは、改正反スパイ法や広義のスパイ罪に違反しないためのヒントになることを伝えたいと思います。

法律の条文から学ぶ

まず、特に抽象性の高い文言しか書かれていない広義のスパイ罪に関して、既存の法律の条文からより具体的な意味を推測する方法があります。刑法第110条・第111条は1997年改正刑法施行以来27年にわたって改正がなされておらず、最高人民法院や最高人民検察院が出す、これらの構成要件を明らかにする司法解釈も存在しません。しかし、既に紹介した2023年7月1日施行の改正反スパイ法第4条は同じスパイ行為についてより具体的に規定していますから、今回の改正で追加された公開信息に関する部分を除く部分が、スパイ行為の概念を明らかにしていくのにとても役立ちます。

同時に、2020年6月30日に香港で公布、施行された香港国家安全維持保護法は中国大陸では適用されないものの（一国二制度）、全人代が全人代常務委員会に命じて公布、施行された法律であり、そのうち「外国または境外勢力と結託して国の安全に害を及ぼした罪」として規定される罪は発想、着想として広義の反スパイ罪と似ますので、改正反スパイ法第4条と同様に、最近作られた法律でもあり、そこからスパイ行為の概念のより具体的な意味を推測するのに役立つかもしれません。

第29条　外国または境外の機構、組織または人員のため、国の安全にかかわる国家秘密または情報を窃取し、偵察し、買取り、または不法に提供した場合、および次の行為の1つを実施するよう外国もしくは境外の機構、組織もしくは人員に請求し、外国もしくは境外の機構、組織もしくは人員と通謀してこれを実施し、または外国もしくは境外の機構、組織もしくは人員の指図、支配、資金援助もしくはその他の形式による支援を直接もしくは間接に受けてこれを実施した場合には、犯罪にあたる。

（一）中華人民共和国に対し戦争を発動し、または武力により、もしくは武力で威嚇して、中華人民共和国の主権、統一および領土の完全性に対し重大な危害をもたらすこと。

（二）香港特別行政区政府または中央人民政府が制定し、および執行する法律および政策に対し重大な妨害をすること、かつ、それが重大な結果をもたらすおそれがあるとき。
(三) 香港特別行政区の選挙に対し操縦または破壊をすること、かつ、それが重大な結果をもたらすおそれがあるとき。
(四) 香港特別行政区または中華人民共和国に対し制裁もしくは封鎖をし、またはその他の敵対行動をとること。
(五) 各種の不法な方式を通じて香港特別行政区住民の中央人民政府または香港特別行政区政府に対する憎悪を誘発すること、かつ、それが重大な結果をもたらすおそれがあるとき。
第2項 前項の罪を犯した者は、3年以上10年以下の有期懲役に処する。犯罪行為が重大である者は、無期懲役または10年以上の有期懲役に処する。
第3項 第1項の規定がかかわる境外の機構、組織または人員は、共同犯罪として罪を定め刑に処する。

事例から学ぶ

どのような行為がスパイ行為とみなされ処罰の対象となるのか、もっと詳しく知りたい場合は、公表されている事例を参照する方法もあります。たとえば、中国の政府行政機関が国家安全教育のために広義のスパイ罪や改正反スパイ法の違法事例を公表している場合があります。また、中国国有メディアである新華社通信などが、行政処罰や刑事処罰となった事案のうち、反スパイ法を知るための教育を支援するため、違法事例の概要を紹介していることがあります。

たとえば、よく知られているところで言うと、海に向かって写真を撮るときに、遠くに軍港や防衛施設が写り込んでしまうことがあります。先ほども述べたように、中国において軍事情報は非常に機密性の高い「絶対秘密」に相当すると考えられます。そのため、軍事施設を撮影する行為はスパイ行為とみなされてしまうのです。写真撮影時にうっかり軍の施設が写り込んでしまったことが原因で、身柄を拘束されてしまうという事例は中国人・外国人問わず頻繁に起こっています。そうした事例から、「写真撮影をするときは、軍の施設が写り込む可能性がある地域かどうか事前によく確認する」「防衛施設の近くでは撮影をしない」といったことを学べるわけです。

こうした違法事例をたくさん集めて、どのような事例で処罰されているのかを分析・研究すると、どのような行為がNGでどのような行為が許されるのかがある程度見えてくるかもしれません。完璧なガイドラインを作ることは難しくても、公表された違法事例を通じて明らかにNGとされるものをしっかり頭に入れておく。それが、わが身の安全を守るために非常に有用なことになるだろうと思います。具体的な事例は第5章で取り上げることとします。もっとも、公表事例は常にアップデートされるので、最新のものを追いかけることが重要です。

また、香港において前述の香港国家安全維持保護法第29条（広義のスパイ罪と同じ発想、着想に基づく犯罪の根拠条文）に違反して起訴された刑事事件の判決理由が場合によっては公開される可能性があります。もっとも、この法律違反にかかる裁判の判決結果の宣告については、同法第41条第4項で必ず公開の法廷で行うとのルールになっているのですが、判決理由を公開するルールにはなっていないので、判決理由とセットで判決が公表されるとは限りません。しかし、実際に有罪判決を受けた者が判決文の全文を公開するなどにより判決理由がわかれば、法律の文言のみならず、それに依拠してどのように事実認定がなされ、どのような解釈のもとで条文が適用されたのかといったロジックを参照することができます。そうすると、この抽象度が高く曖昧で類型化の難しいスパイ行為の概念についてより具体的に知るためのヒントが得られるかもしれません。

「スパイ組織」やそこに属する人々にできるだけ接触しない

反スパイ法や刑法の広義のスパイ罪の違反事例には、スパイ組織とおぼしき組織から何かしら依頼を受けてしまった事例が散見されます。そのため、まずスパイ組織やそこに属する人々にできるだけ接触しないことが、自分の身を守ることにつながります。どのような組織や人が「スパイ組織やその代理人」と中国から評価されるのか考察してみましょう。

中国でいう「スパイ組織」とは

刑法第110条では「スパイ組織およびその代理人の任務を受け入れる行為」を禁止しています。しかし、「スパイ組織やその代理人」と言われても、それがどのような存在なのか全くわからないのが実情ですが、それをむりやり探ろうとする行為は非常にリスクを伴います。なぜなら、たとえば中央の国家安全部または地方の国家安全局が、日本政府組織のうち、どの組織をスパイ組織やその代理人と評価しているのかを探ろうとすれば、その行為自体が「国家秘密を不法に探ろうとしている」「インテリジェンス、つまり情報を不法に探ろうとしている」と見られてしまい、下手をすれば広義のスパイ罪に該当してしまうおそれがあるからです。そこで、中国の外にいる私たち外国人は「スパイ組織およびその代理人とは、おそらくこういう組織（または人）のことを言うのだろう」と推測・推察していくしかありません。第2章でも説明したように、たとえば日本の公安調査庁や内閣情報調査室、外務省、防衛省、警察庁にある情報収集を行う機関やセクション、その周辺に属するシンクタンク等は、中国でいうところの「スパイ組織」にあたると考えてほぼ間違いないと思われます。

「スパイ組織およびその代理人の任務を受け入れる」とは

日本の公安調査庁をはじめとするさまざまな省庁やその周辺に属する組織等が中国でいう「スパイ組織」にあたるとすれば、そこにお勤めの公務員の方々が「その代理人」と認定される可能性があります。また、たとえば日本人駐在員が中国に派遣されてしばらく中国国内に住むことになったときに、仕事等で中国に来られた公安調査庁に勤める公務員の方（大使館や総領事館に出向しています）と知り合ったとします。この場合、日本人駐在員は単に「大使館や総領事館に勤務する公務員」とだけしか認識していないかもしれません。その後、何度か食事を共にするなど交流を深めるうちに親しくなり、結果として日本人駐在員がその公務員から何かしらの依頼（単なる信息提供を含みます）を請け負ったとすると、有償であれ無償であれ、またご本人が依頼を請け負ったと意識しているか否かを問わず、「スパイ組織およびその代理人の任務を受け入れた」と中国の国家安全当局に評価されるリスクが非常に高まってしまう、ということになります。

そうであれば、日本人駐在員が日本に一時帰国した際にそのような役所の職員と頻繁に接触したり、逆にそうした役所の職員が中国の大使館や総領事館に赴任している間に現地の日本人駐在員とコミュニケーションを密に取ったり、といったことは避けるべきです。彼らに何ら「情報」提供を行っていないとしても、客観的状況がすでに「李下《りか》に冠を正さず」「瓜田に履《くつ》を納《い》れず」といった古くからの教訓に反しています。「李下に冠を正さず」「瓜田に履を納れず」は、いずれも「誤解を招くような行動は慎むべきだ」という意味の中国の慣用句です。このように、日本国内で「スパイ組織」と推定される役所の公務員と過度に接触することはもちろん、中国国内で「大使館や総領事館に勤務される公務員」とその所属する組織を知らないまま日本人駐在員が過度に接触をすると、まさに「李下に冠、瓜田に履」といった状況になる可能性があるのです。

大使館や総領事館に勤務される公務員は、海外に赴任している最中は何らかの罪を犯したとしても外交官として逮捕を免れることができる不逮捕特権がありますが、日本人駐在員にはそのような特権はないので、広義のスパイ罪に問われて長期拘禁刑に処せられる可能性があります。前者には外交官不逮捕特権による法的安全性が保障されますが、後者の民間人は常に危険にさらされるという不平等な状況があることを、駐在員を派遣する日本企業も派遣される日本人駐在員も肝に銘じるべきです。

この点で、日本と中国を30年近くにわたって行き来してきた経験から、懸念していることがあります。駐在員を派遣する日本企業や日本人駐在員は、何かあったときには現地の日本大使館や総領事館にお世話にならなければならないと思い込んでいる節があります。だからこそ、日常的に日本企業や日本人駐在員は「大使館や総領事館に勤務する公務員」に対して積極的に接触し、自らが知る事柄について積極的に提供をしてきた歴史があるように思います。しかし、特に「大使館や総領事館に勤務される公務員」の真の所属先との関係で、中国側の国家安全当局からそういった行為がスパイ行為であると認定されれば、日本人駐在員等の方々に危険が及ぶ可能性があります。中国での赴任を終えた後、日本に帰国して二度と中国に足を踏み入れない状況になってからであれば、いかなる役所の公務員の方々と自由に交流されても全く問題ありませんが、中国とのご縁が続く中で「李下に冠、瓜田に履」の教訓に反する行動を続けると、国家安全当局から目をつけられる可能性がありますので、よくよく注意しなければなりません。

このことを理解したうえで、各企業は改正反スパイ法にある内部教育義務を、日本人駐在員等に対してどのように履行していくべきなのか、しっかり考えていく必要があるだろうと思います。同時に、公安調査庁や内閣情報調査室、外務省、防衛省、警察庁にある情報収集を行う機関やセクション等から「大使館や総領事館に勤務される公務員」の形を取って中国に赴任する公務員の方々には、日本人駐在員と頻繁に食事をする、信息交換をするといったことは、日本人駐在員の身を守るためにも厳に慎んでいただきたいと強く願うわけです。

中国共産党および政府機関関係者、国有企業の関係者ともできるだけ接触しない

日本人駐在員が日系企業で勤務するために派遣されたとき、中国の民間企業のみならず、中国政府との人事交流が頻繁にある国有企業を主要な取引先として、あるいは合弁会社の相手方として、コミュニケーションのやりとりをすることは多くあります。また、何らかの仕事の会合等で、あるいはプライベートな場面で中国共産党や中国政府の関係者と知り合う機会もあるかもしれません。そうしたときには、国家秘密や秘密性を帯びた情報を知ることのないよう、用心すべきでしょう。しかし、「国家秘密や秘密性を帯びた情報を知ることがないようにしよう」と思っていても、接触頻度が高まれば、それを知ってしまう機会も増えることになります。したがって、「今の時代は、経済発展を重視する江沢民時代や胡錦濤時代とは全く異なる時代になったのだ」ということを心に刻んで、そのような接触は必要最小限にとどめ、不要不急の接触は決してしないことが重要です。

国家秘密や情報を知ってしまうプロセスとは

本章ではこれまで、刑法第110条で定める「スパイ組織に参加し、またはスパイ組織およびその代理人の任務を受け入れる行為」や刑法第111条で定める「国家秘密」または「情報」の意味について、詳しく説明してきました。また、「国家秘密」または「情報」を取得し、保有し、提供するだけでも中国刑法では違法となり得ることについても触れました。では、「国家秘密または情報」の取得や保有、提供はどのようなプロセスで起こり得るのでしょうか。

一般的に、中国共産党関係者や中国の政府機関関係者との交流において、

・その肩書が上位になればなるほど
・外交部（外務省に相当）など高度の国家秘密を保有する可能性が高い政府機関の公務員であればあるほど
・その交流の範囲が1対1など狭い範囲になればなるほど
・交流する対象となる関係者の数が増えれば増えるほど
・彼らと交流する頻度が長期になればなるほど
・その交流がオフィシャルな場でなく、非公式、それもプライベートになればなるほど

「国家秘密」または「情報」を知る（知ってしまう）確率が高くなってしまいます。

たとえば同じ相手でも、参加者が100人いる会合の場で会話をする場面と、自宅などの密室で2人だけで会って会話をする場面を比べると、話せる内容がずいぶん異なります。皆さんも、

たとえばあまり知られたくないことを人に話すときは、長い付き合いがあってコミュニケーションを頻繁に取っており、お互いの人となりがわかっていて、親密な関係にある人だけに話すと思います。そして、話すときは周りの人に聞かれないよう、話し声が漏れないような空間を選ぶと思います。そういうときにわざわざ人のたくさんいるオープンな場で話す人はあまりいないでしょう。こう考えるとわかるように、狭い範囲で、頻繁にそして長期的にコミュニケーションを取っていて、プライベートに近い場面での交流になるほど、国家安全当局からは、何か秘密性の高い情報に相当する情報のやり取りが行われているのではないかと疑われる可能性があるのです。相手の社会的地位が上になるほど、国家秘密または秘密性の高い情報を持っている可能性が高いというのは、言わずともご理解いただけると思います。この文脈では、中国に限らず、スパイ規制に熱心な国家の盗聴技術は私たち普通の日本人が想像するよりも遥かに進んでおり、特に食事などをご一緒する中国の公務員がその対象になっている場合、もしかすると1対1の会話も全て筒抜けになっている、という可能性すら考えるべきだと思うのです。

国有企業との交流が避けられない場合はどうすべきか

中国では国有企業を主要な取引先としたり、合弁会社の相手方としたりするなど、国有企業の社員とのコミュニケーションが避けられない場面も多く出てくるだろうと予想されます。この場合、日本人駐在員等の身を守るためには、国家秘密または情報を先方から入手するのを防がなければなりませんが、どうすればよいのでしょうか。

中国の国有企業とは、主として国有資産を基礎とする企業のことをいいます。図にすると左ページのとおりです（2024年7月1日施行の第六次改正「会社法」で「国有出資会社」の概念が創設されたことにより、今後、左ページの図が示す「国有企業」概念が修正される可能性があります）。かつての「国営企業」は国家が企業の財産の全部を保有する企業のことを言っていましたが、1993年の憲法改正以来、図のとおり非常に多様化しています。もっとも、図のうち円の中心に行けば行くほど国家と同一視される傾向が強くなるものだ、と考えておきましょう。

国家と同一視される傾向が強い国有企業は、中国政府との人事交流が盛んです。当然のことながら、中国政府内で出世頭は常に中国共産党員ですから、このような国有企業は中国共産党とも同一視される傾向が強くなります。そうすると、そのような国有企業の幹部や従業員とのコミュニケーションの中で国家秘密や機密性の高い情報に触れる機会が生じることになります。

このような場合、日本企業や日系企業側としては、国有企業側に率直に「中国の国家安全保障に決して反することがない体制を構築したいが、そのためにはどうすればよいか」と助言を求めるのが良いのではないかと考えています。すでに見たとおり、改正反スパイ法は企業に対して従業員等がスパイ行為に従事しないように社内教育等を行う義務を課しますが、これを最も忠実に遵守しているのが国家と同一視される傾向の強い国有企業です。そうした国有企業を合弁パートナーとしたり取引先としたりする場合、ビジネスの場で国家安全保障違反を日本側が犯すことの

「国有企業」概念の多様性

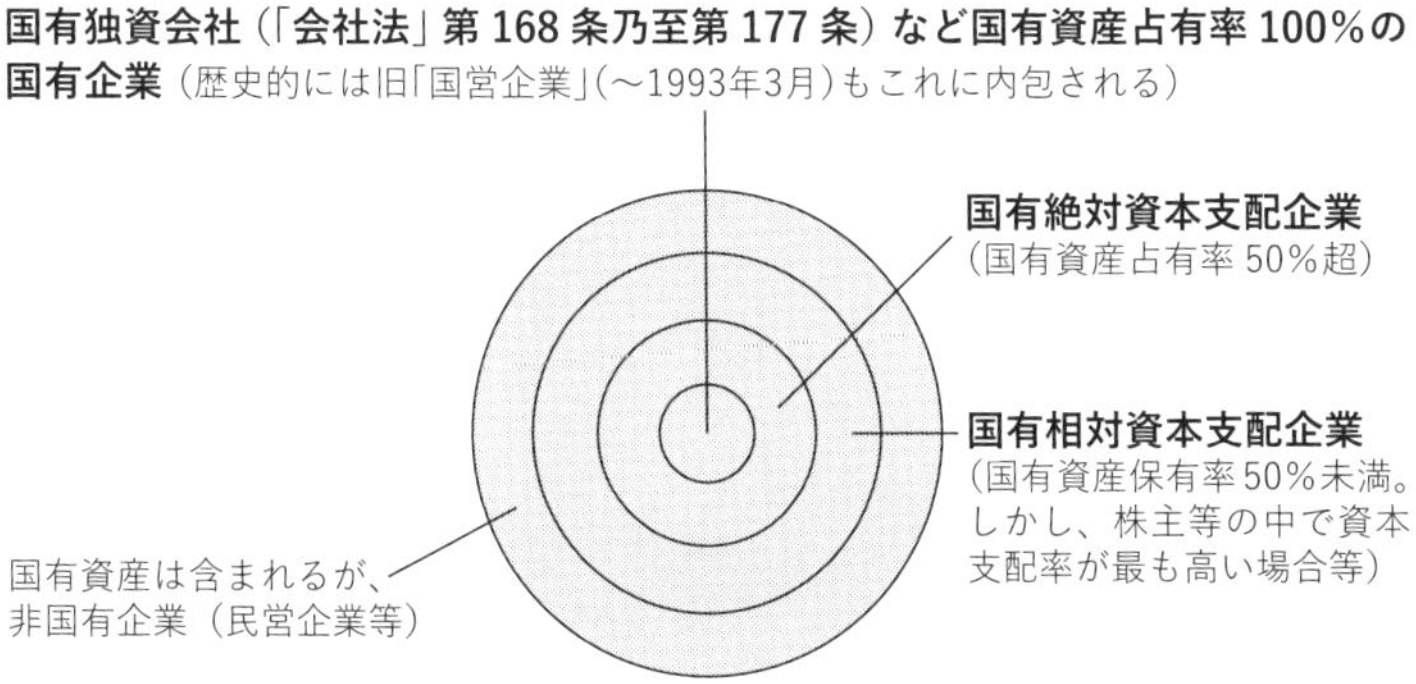

中国企業の企業性質の多重性

合弁会社（旧「中外合資経営企業法」に基づく「既存の外商投資企業」）は、①「会社法」に基づく有限責任会社であり、②「外商投資法」に基づく外商投資企業であり、③上記概念により国有企業でもある、という三重の企業性質を有することがあり得る。

ないようにどうすればよいかの教えを請うのが最善である、と思うのです。もちろん、合弁契約や取引契約などで、日本企業、日系企業側が中国の国家安全保障に決して反することがないように国有企業が主導的に指導すべきことを明記するのも一案です。しかし、そうした形式的手当てだけでは完全な法令遵守を期することはできないのですから、個別具体的な状況に応じた助言を得ることには相応の合理性があると思っています。

　この文脈では、日本企業、日系企業側は中国が国家秘密や情報に指定している可能性のある「国の中核的な産業競争力に関わる高度技術や国家発展改革委員会の物価を統制する部署が決定する統制物価に関する事項、公的入札に関する事項等」を過度に知ろうとしないことが重要ではないか、と考えています。過去には例えば国家発展改革委員会物価司という役所がコントロールしている鉄の統制価格の内情を知ろうとしたり、地下鉄など公共施設の入札情報を知ろうとしたりした人々が広義のスパイ罪などに処せられた事例があるようですが、熱心過ぎる営業マンは、日本人だけでなく、欧米諸国の駐在員などでも訴追されているという歴史的事実に学ぶべきです。

「摘発された要人の周辺の人々」に該当したため摘発されるケースも

中国共産党や政府の関係者などの要人が中国共産党の規律違反に問われたり刑事事件で訴追されて失脚したりする場合、歴史的、伝統的に見てその要人と普段から親しくしていた周りの人々も、何かと理由をつけて同時に摘発される例が多数見られます。これについても、またまんじゅうの図で示しました。中心の「あんこ」の部分に摘発された要人などがいて、そのまわりに摘発された要人の周辺の人々が取り囲んでいるのですが、この中心に近づけば近づくほど普段から緊密な関係であると考えられ、その分同時に摘発されるリスクも高くなると考えられます。

摘発された要人が失脚すれば、その瞬間、その周りにいる人々にもいわゆる「身体検査」が徹底的に行われます。そこで、たまたま周囲の人の中に刑法第110条に定める「スパイ組織の代理人の任務を受け入れた」と思われても仕方のないことをしている人が出てくることがあります。また、摘発された要人から、その要人が親しくしている人に「国家秘密」や「情報」が渡っ

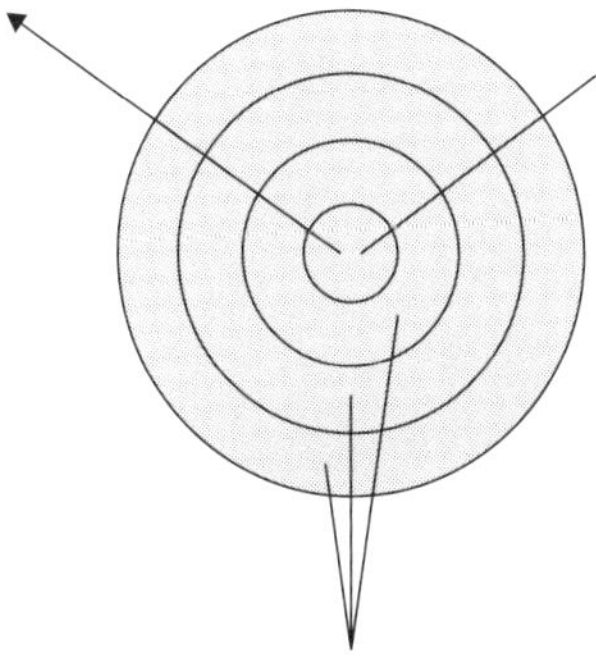

たとみられる形跡が見つかる可能性もあります。

そのように、何らかの違法行為の疑いがあることが明らかになった場合、周囲の人々も数珠つなぎで巻き込まれる形で摘発される、といった事例が以前から頻繁に起こっているのです。言い換えれば、近年邦人が広義のスパイ罪を理由に長期にわたる拘禁刑に処せられている事例を見ると、表面的には日本人だけが広義のスパイ罪で刑事責任を追及されているように見えても、実際には「摘発された要人の周辺の人々」がペアになっている場合も多いはずで、その失脚に対応して同時に摘発される例も多々あるのではないかとみています。

このパターンは汚職事案の場合によくみられ、1人の中国共産党幹部や中国政府幹部が失脚すると、その周囲のご家族や部下たちが多数同時に中国共産党の規律違反や刑事事件で訴追されることになるはずです。広義のスパイ罪について特に日本人を含む外国人がからむ場合には、中国人と日本人の1対1などの少数のペアが同時訴追されることになるのではないかと推測しています。これは特に「国家秘密」や「情報」のやり取りが通常は1対1のペアで行われるという行為の特性によるところが大きいと推測するためです。

そうすると、ここからは「いくら以前から親しくしている友人であっても、その方が中国共産党や中国政府、特に外交部など高度の国家秘密に触れ得る職位にある公務員である場合には、今の時代の中国の国家的価値観に鑑みて、友人付き合いすら断念するのが自らの身を守り、相手方の身も守ることになる」という教訓が導かれます。荘子の言った「君子の交わりは淡き水の如し」（中国語：君子之交淡如水）という言葉がありますが、今の時代には「淡き水の如き」交流すら断念する勇気がお互いに必要なのではないか、と考える次第です。

もし、自社の駐在員が広義のスパイ罪に該当する行為をしてしまっていたら？

日本の企業が中国に日本人駐在員を派遣して実際の任務に就かせたときに、最も心配になるのは「自社の駐在員が広義のスパイ罪に該当する行為をしてしまっていたら、どうすればよいのか」ということではないでしょうか。駐在員がいつのまにか取引先の国有企業の担当者から情報を取得してしまっていた、中国の国家安全当局から見れば「スパイ組織」と認められるような組織から駐在員が何らかの仕事を請け負っていた、などということは十分にあり得ることだと思います。そういった場合、広義のスパイ罪に該当し、摘発されて数年あるいは十数年にわたる懲役刑となるリスクが非常に高まります。もしそうなれば、摘発された本人やそのご家族から会社としての責任も問われるでしょう。もし自社の駐在員が広義のスパイ罪に該当する行為をしてしまっていたら、どう対応すれば良いのでしょうか。

広義のスパイ罪にあたる行為を中止させる？

まず理論的に考えられるのは、ただちに広義のスパイ罪にあたる行為を中止させることです。スパイ組織とおぼしき組織から仕事を請け負っているのであれば取引を停止させる、日本人駐在員が国家秘密や情報を得ているのであれば相手方に返却または廃棄する、といった対応をできるだけ早く行うのが良さそうに思えます。中国刑法第24条によれば、そのような対応を取ることで、仮に摘発されて逮捕・起訴に至ったとしても、刑事処罰が減軽もしくは免除される可能性があります。

> **第24条第1項**　犯罪の過程において、罪を犯すのを自ら放棄し、または犯罪の結果の発生を自ら有効に防止した場合には、犯罪の中止である。
> **第2項**　中止犯に対しては、損害をもたらさなかった場合には、処罰を免除しなければならない。損害をもたらした場合には、処罰を減軽しなければならない。

しかし、広義のスパイ罪で訴追された日本人を含む外国人の多くは、自分が広義のスパイ罪に該当し、または該当する行為をしている意識がないのが通常ではないか、と推測しています。多くの場合、江沢民、胡錦濤の経済発展を重視する時代から国家安全保障こそを最重視する習近平時代に時代の流れが大きく変わったことを見極めることに失敗した人々が訴追の憂き目に遭っているのではないか、と思うのです。したがって、当人にとって訴追は常に「青天のへきれき」だろう、と推測します。そうすると、理論的には正しくとも、「広義のスパイ罪にあたる行為を中止させる」という手段を取ったところで実際にはあまり効果はないでしょう。「広義のスパイ罪にあたる行為を犯した日本人駐在員を緊急帰国させる」などの方法もしかりです。それ自体が被疑者逃亡に手を貸す違法行為になり得るという問題を横に置いてその実施を検討しても、当人に違法の意識がない以上、実務的には機能しないだろうと考えます。

国家安全当局に自首する？

自社の駐在員が、スパイ組織とおぼしき組織から頼まれた仕事を請け負ったり、「国家秘密」または「情報」を窃取したり買い取ったり、不正に提供したりしてしまっていたことに気づいた場合は、理論的には国家安全当局に自首させる方法があります。たとえそのような過ちを犯してしまった場合でも、自ら当局に連絡または出頭し、ありのままに犯罪行為を報告させましょう。そうすることで、刑事処罰を受けることになったとしても減軽されたり、処罰自体を免れたりできる可能性があります。

第3節　自首および功績

第67条　罪を犯した後に自ら事件を報告し、自己の犯罪行為をありのままに供述することは、自首である。自首した犯罪者に対しては、軽きに従い処罰し、または処罰を減軽することができる。そのうちの犯罪が比較的軽い場合には、処罰を免除することができる。

第2項　強制措置を講じられた被疑者または被告人および刑に服している受刑者が司法機関の掌握していない本人のその他の犯罪行為をありのままに供述した場合には、自首として処理する。

第3項　被疑者に前二項所定の自首の情状がなくとも、自己の犯罪行為をありのままに供述した場合には、軽きに従い処罰することができる。当該被疑者が自己の犯罪行為をありのままに供述したことにより、特別に重大な結果の発生が回避された場合には、処罰を減軽することができる。

第68条　犯罪者が他人の犯罪を摘発する行為をし、調査して事実であると証明された場合、または重要な端緒を提供し、その結果その他の事件を捜査することができるようになった等の功績行為をした場合には、軽きに従い処罰し、または処罰を減軽することができる。重大な功績行為をした場合には、処罰を減軽し、または免除することができる。

もっとも、スパイと疑われる行為を即中止したからといって、また当局に洗いざらい自首したからといって、100%刑事処罰を免れたり、減軽されたりする保障はどこにもありませんし、そもそも広義のスパイ罪にあたる行為を中止させる方法同様、実際には効果があるはずがないと思います。通常は身柄拘束の瞬間まで当人に違法なことをしたという意識は一切なく、訴追は常に当人にとって「青天のへきれき」であろうと考えるからです。

スパイと疑われないための唯一にして最大の方法とは

さまざまな検討を進めてきましたが、「もし、自社の駐在員が広義のスパイ罪に該当する行為をしてしまっていたら？」という問いに対する答えを求めようとするのは、当人に明確な違法の意識があり、しかもそれを日本企業や日系企業に相談してきたという、およそ想定しがたい特殊な場合に限定されるのであり、実務的可能性を考える場合、（検討しておいて言うのも何ですが）ナンセンス以外の何物でもないと思います。そうすると、広義のスパイ罪から日本人駐在員等を守るための唯一の方法は、そのような嫌疑を掛けられることがないように、赴任前に、または赴任中にしっかりとした社内教育を徹底して行うほかありません。その社内教育の要諦は何でしょうか。

広義のスパイ罪の「型」を満たさないこと

中国に派遣する日本人駐在員の身の安全を守るために最も重要なこと、それは「広義のスパイ罪」が成立するための「型」を満たさないことです。では、「広義のスパイ罪の型を満たさない」とは、いったいどういうことでしょうか。

中国におけるスパイに関する法規制は、改正反スパイ法と刑法の第110条・第111条のいわゆる「広義のスパイ罪」があります。前者の改正反スパイ法は、2023年の改正で「スパイ行為」の概念が抽象化・曖昧化したため、中国に進出している国々から警戒されています。しかし、改正反スパイ法に違反する行為をしてしまっても、最大15日の行政拘留、反則金、違法行為によって得た所得の没収、国外退去といった行政処罰が科されるのみです。一方、広義のスパイ罪にあたることをすれば、行政処罰よりも遥かに重い、数年から十数年にわたる長期拘禁刑に処せられたり、最悪の場合、理論上は死刑になったりする可能性もあるのです（前述のとおり、中国の国家公務員経験を有する帰化した日本人駐在員を除き、死刑になる可能性はないと考えられます）。したがって、広義のスパイ罪に違反することだけは絶対に避けなければなりません。

第3章で述べたとおり、広義のスパイ罪で日本人駐在員が刑事責任を問われる可能性を生じる典型的な場合は、「スパイ組織」または「境外の機構、組織または人員」のために、「国家秘密または情報を窃取し、偵察し、買取り、または不法に提供」することです。したがって、まず業務との関係で触れ得る「国家秘密」や「情報」の意義や、どういう場面でそれに触れ得るかの具体的な状況を想定して、「国家秘密」や「情報」に決して近づかないという「型」を徹底して遵守させることを教育しなければなりません。

また、「国家秘密」や「情報」は常に中国共産党、中国政府、国家と同一視される傾向が強い国有企業を通じてもたらされるものですから、こうした人々との交流は、従前からの友人関係を含めてビジネス上必要最小限のものにとどめ、情実にかられて深い交流を求めず、むしろこれを自ら、そして相手方のために遮断する勇気を持つという「型」を徹底して遵守させることを教育しなければなりません。旧交を温めることすら、勇気をもって控えることが必要です。

さらに、日本企業という「境外の機構、組織または人員」のために「国家秘密」や「情報」を提供するよりも、「スパイ組織」と中国からみなされる日本の政府組織にこれを提供する場合に、第111条よりも重い第110条の狭義のスパイ罪で訴追されることを明確に認識し、大使館や総領事館に勤務される公務員との交流をできれば遮断し、どうしてもそれが必要な場合であっても、文字どおり必要最小限にとどめるという「型」を徹底して遵守させることを教育しなければなりません。

中国共産党や中国政府、国家と同一視される傾向が強い国有企業とも、「スパイ組織」と中国からみなされる日本の政府組織の関係者とも深く交流するという「両面人」（八方美人）であることが命取りになる――そうした現代中国における真実こそ、社内教育で徹底して伝えるべき事柄である、と確信しています。

第5章

スパイ罪が成立して処罰された事例10

第4章では、どのような行為がスパイとして評価され得るのか、その概要について見てきました。本章では、中国の政府機関から公表されている事例をもとに、主に広義のスパイ罪が成立して処罰された事例を紹介します。具体的にどのような行為がスパイ行為と評価され、広義のスパイ罪と認定されてどの程度の刑事処罰を受けるのかを見ていきます。

事例1　郊外を外国人が訪れるときに注意したい事項に関する処罰事例

軍部隊の駐屯地で秘密を探る疑わしい人物を発見

2021年8月20日、汕尾市のとある村の幹部2人が仕事中に、村委員会の入り口に挙動の怪しい外来者2人がおり、そのうち1人が村委員会の公告欄を撮影していることに気づいた。村の監視カメラを見てみると、この2人の男は緊張した面持ちで周囲を見回しながら写真を撮るなど、行動がおかしい様子だった。村幹部の2人は日頃から国家安全知識に関する研修をよく受けており、それに関する意識が比較的高いほうであったので、すぐにあることを思い出した。それは、境外のスパイ機関がわが国（中国）の境内の人間と結託する方法、すなわちスパイが結託した相手に指図し、軍部隊の活動場所の周辺に出向いて部隊の演習公告等の公開情報を撮影させることがあることだ。

その村はちょうど軍事基地の近くにある。村幹部は、「この2人の男がスパイ・機密情報の窃取活動に従事している可能性がある」と思い至ったため、撮影者に身元と公告欄を撮影した理由や用途を問いただした。2人の男は、「クライアントの委託を受けて状況把握をするために村に写真を撮りに来た」と話した。村幹部がさらに追及したところ、2人の男が委託されたという会社の名前や状況をはっきり話すことができず、ずっと言葉を濁していたため、村幹部の疑惑はさらに深まった。そこで、村幹部の1人が2人の相手をしている間に、もう1人の幹部は速やかに近くの武装部および派出所に報告した。その後、派出所の警察官が現場に到着し、男2人を派出所に連行した。取り調べたところ、男2人のうち1人は国家安全機関が捜査中の事件の犯罪被疑者だった。現在、その男は境外のために国家秘密を偵察し、不法に提供する罪に問われてすでに逮捕されている。

村幹部の1人は「村幹部であれ、村民であれ、誰にでも国の安全を維持・保護する責任があります。国の秘密が漏洩すればより大きな危害を招くでしょう」と話した。彼らは、「国家安全知識の学習が非常に重要である」と呼びかけるとともに、軍部隊の訓練の情報や場面を撮影しないよう注意を促している。その村では、国家安全知識の研修教育を今後も強化する予定である。

アドバイス：

- 公告欄の情報には、軍の部隊に関する情報が書かれている場合がありますので、特に秘密にされていない公告欄を撮影するだけでもスパイ行為と疑われる危険があります。
- 往訪する場所が軍事基地の近郊でないかどうかを事前に確認するとともに、現地の人に往訪目的を明確に説明できるようにしておきましょう。

参考：「南海发现可疑电子设备！广东国安机关公布三起典型案例」

事例2　ビーチでの写真撮影に関する処罰事例

境外のために国家秘密を偵察し、不法に提供した事件

２０１９年7月、結婚写真のカメラマンだったAは、WeChatである海外の女性と知り合った。その女性の指示のもと、２０１９年7月から翌年２０２０年5月までの間、Aは軍港近くのビーチで結婚写真を撮影する機会を利用して、専門の撮影機材や携帯電話などで、軍港周辺に停泊する軍艦を遠くから撮影した。また、（自分が軍艦等の撮影をしていることの）発覚を避けるため、他人をだましたり、金銭で誘惑したりしてこの軍港付近の湾岸の全景を撮影するよう依頼した。Aは週2～3回の頻度で、合計90回以上撮影したため、軍港や軍艦に関する写真は３８４枚にものぼった。撮影した写真はクラウドストレージやグループ共有などの方法で海外にいる相手方に送信し、相手方から4万元（約88万円）あまりの報酬を受け取った。

（国家安全機関が）これらの写真を鑑定したところ、事件の関連写真には絶対秘密級の国家秘密にかかわるものが3件、機密級の国家秘密にかかわるものが2件あった。

最終的に、Aは境外の人員等のために国家秘密を偵察し、不法に境外に提供した罪を犯したことにより、有期懲役14年、政治的権利剥奪5年の刑に処せられ、違法に取得した個人財産4万元（約88万円）も没収された。

アドバイス：
● 海の近くで写真撮影をすると、背景に軍事施設付近の景色が写り込んでしまうことがあり、スパイ行為と評価される可能性があるため危険です。

参考：「检察机关依法惩治危害国家安全犯罪典型案例」

事例3　軍港付近の風景などの写真の提供をめぐる処罰事例

人をだまし、結託して国家秘密を窃取、売却

近年、ネット上で境外の諜報機関が、求職や学術研究、ビジネス提携、交友・恋愛等のさまざまな名目で、わが国（中国）の人々だけでなく、さらには学生までも言葉巧みにだましたり、彼らと結託したりして国家秘密を盗み取り、売却していることがわかっている。

2019年、大学生のBは「舟山全職兼職普工」というQQグループでアルバイトを探してい

た。あるメンバーがBにQQ友達申請をしたうえで、「ある軍港付近の地図情報の収集および通り沿いの店の撮影をする」というアルバイトを紹介した。条件は「1日3時間、週3日勤務、日当200元（約4400円）」とのことだった。

Bは、求められたとおりQQを通じて職務経歴書や位置情報およびWeChatの金銭受取コードを相手方に送信した。その後、相手方の求めに応じて、その地区にある見晴らしの良い高台の頂上や公園、病院付近に行って、わが国の軍事目標およびその付近の通りの店舗や道路状況等を毎回100〜200枚撮影し、合計8回メールで相手方に送った。

さらに、Bは境外の情報機関のエージェントの求めに応じて、ネットで望遠カメラを購入して観測したり、船を借りてわが国（中国）のある艦隊に近づいて観察や情報収集をしたり、境外諜報機関への注意喚起を計10回実施した。この間、境外の諜報機関はBに安全研修を行い、「観察記録を主とし、撮影を補とする」という方法で軍艦のペナントナンバーを調べ、報告することを求めた。

2019年12月、舟山市中級人民法院は、境外のため国家秘密を不法に提供した罪により、Bを有期懲役5年6カ月、政治的権利剥奪1年の刑に処した。

> **アドバイス：**
>
> ● 地図情報の収集については、外国の組織または個人による「測量製図（测绘）」活動の場合は、国務院と軍の主管部門の共同認可が必要です。【※】

●軍港などの軍事施設付近においては、位置情報の収集や、見晴らしのよい場所からの写真撮影などもすべきではありません。

※測量製図法　第8条　外国の組織または個人は、中華人民共和国の領域および中華人民共和国が管轄するその他の海域において測量製図活動に従事するにあたり、国務院の測量製図地理情報主管部門による軍隊の測量製図主管部門との共同の認可を経て、かつ、中華人民共和国の関係する法律および行政法規の規定を遵守しなければならない。
第2項　外国の組織または個人は、中華人民共和国の領域において測量製図活動に従事するにあたり、中華人民共和国の関係部門または単位と合作して行わなければならず、かつ、国家秘密にかかわってはならず、および国の安全に害を及ぼしてはならない。

参考：「警钟！浙江一高校学生窃取出卖国家秘密，被判刑5年6个月！」

事例4　現地企業が外国から依頼されて行った高速鉄道の運行関連データの収集に関する処罰事例

4月15日は全人民国家安全教育日だ。デジタル経済は既に国際競争攻略のカギとなっており、データ分野で直面する国家安全上のリスクはますます顕著になっている。特に国の基本情報や中核データは、境外からの情報収集の重要なターゲットとしてますます狙われるようになりつつある。少し前のことだが、国家安全機関は境外のため高速鉄道のデータを偵察し、不法に提供する重要な事件を摘発した。この事件は、「データ安全法」の施行後初めて、関連データが情報として鑑定された事件であり、高速鉄道の運行安全にかかわる、国の安全に危害を及ぼす種類の我が国の初めての事件でもあった。

２０２０年末、上海のあるＩＴ企業の従業員が友人の紹介でWeChatグループに入ったところ、グループにいた西側諸国の外国企業から、「中国の会社に委託して実行したいプロジェクトがある」と持ちかけられた。上海市国家安全局の幹部の話では、その外国企業は「自社の顧客が鉄道運送の技術サポートに従事しており、中国市場に進出するには中国の鉄道ネットワークについて事前に調査をする必要があるが、コロナ禍の影響でスタッフを中国に行かせるのが難しい。そこで、中国の鉄道の信号データ収集を委託したい」と投稿してきたという。上海の某ＩＴ企業は、リスクがあることはわかっていたが、オペレーションが非常に簡単であるにもかかわらず利益が大きかったため、このプロジェクトに応じることとなった。

やり取りの中で、両社は提携に関する2段階の取り決めをした。第1段階は、上海のＩＴ企業が相手方の要求に応じて設備の購入と据え付けをして、固定地点でデータを収集する。第2段階は上海の企業の従業員が設備を持って相手方の指定した北京や上海等の16の都市および高速鉄道路線の沿線へ赴き、移動測定およびデータ収集を行うものである。

上海のＩＴ企業が相手方の要求に応じて設備を購入し、据え付けテストも行ったところ、テストの過程で相手方がリモートログインのポートを開くよう要求してきた。このIT企業の社員で今回の事件の被疑者によれば、相手方からポートを開くよう要求されたとき、彼らがリモートでパソコンをコントロールして相応するテストをすることができ、リアルタイムでテストデータも取得できるなら、この形式でデータを海外に転送することができる、とわかったという。このIT企業は、相手方の真の目的もわかっていながらそのことを口には出さなかった。リモートポートのログインIDおよびパスワードを相手方に渡した後、IT企業はネットワーク接続を24時間保証して簡単な仕事をすれば、相手方から直接報酬を得ることができた。国家安全機関の幹部によれば、通常この会社のプロジェクトにおける利益率は15~20%だが、このプロジェクトでは投入コストが非常に低いにもかかわらず、利益率は80~90%にまでなったという。

このIT企業は利益を重視したため、相手方がずっと中国鉄道の信号データを取得しているのを黙認していた。5カ月後の契約更新の時期になったとき、相手方がパラメータの提供を要求してきたが、社内の関連部門に相談しても「できない」と言われたので、会社としてはこのプロジェクトを継続しないと決定した。しかし、このような高収益を上げられる事業を手放したくなかった被疑者の2人は、このプロジェクトを引き継いでくれる会社を探し、自分たちは仲介人として収益分配を得ようと決めた。早くも2社目に声をかけた境外の会社と提携が決まり、被疑者の2人は9万元（約198万円）の収益分配を直接受けた。しかし、このような良い状況は長くは続かず、あえなく国家安全機関に摘発された。

（国家安全機関の）鑑定によれば、この2社が境外の会社のために収集・提供していたデータは、鉄道GSM―Rの機微信号にかかわることが判明した。GSM―Rとは、高速鉄道の移動通信専用ネットワークであり、高速鉄道の運行制御や運行調整の指令に直接用いられ、運行管理や指令調整などの各種コマンドを伝達している、高速鉄道の「千里眼、順風耳」である。国内のIT企業の行為はデータ安全法、無線電信管理条例等の法律法規により厳しく禁止される不法行為である。国家秘密保持行政管理部門による鑑定により、関連データは情報とされ、このIT企業の行為は刑法第111条の「境外のための情報を偵察し、または不法に提供する罪の嫌疑にかかわるもの」と判明した。

中国国家鉄道集団有限公司の工電部通信信号処主管の姜永富は「犯罪者がこれらのデータを不法に利用して故意に通信を妨害したり、悪意をもって攻撃したりして、重大な事態がもたらされた場合、通信が中断して運行ダイヤが影響を受け、高速鉄道の運営が深刻な脅威にさらされることになる。また、データが大量に取得されて分析されれば、高速鉄道の内部情報が不法に漏洩され、最悪の場合は不法に利用されてしまう可能性さえある」と述べた。

国家安全機関の調査を経て、この境外にある相手方の会社が長期提携している顧客には、欧米諸国のある大国の諜報機関や国防軍事組織、複数の政府部門が含まれていた。

データ時代において、わが国（中国）の重要分野の機微データを狙った境外の機構、組織、個人による情報を窃取する活動が非常に顕著になっており、国の安全および経済社会の発展に重大なリスク・潜在的危険をもたらしているという。

上海市国家安全局局長の黄宝坤は、「国家安全機関はデータ安全法や反スパイ法により、職責の範囲内においてデータのセキュリティを監督管理するという職責を適切に履行し、国の安全に危害を及ぼす各種違法犯罪活動を法により取り締まり、国の安全リスクを積極的に予防、除去し、国の主権、安全および発展的利益を断固として維持する」と表明した。

アドバイス：

● 中国で事業を行おうとする検討のための事前調査という名目で、現地企業に調査と情報提供を依頼していた事例です。高速鉄道の運行に関するデータなどが中国でいう情報と認定されています。中国においては、情報は国家秘密と並んで保護されるべきものとされています。

参考：「国家安全机关公布一起为境外刺探、非法提供高铁数据的重要案件」

事例5　チャットアプリを通じた依頼により学生が行った情報収集に関する処罰事例

境外のために国家秘密を偵察し、不法に提供した事件

ある職業技術学院の学生だったCは、2020年2月中旬、「探探」アプリのプラットフォームで、国外のDという者と知り合った。CはDが国外の者であることを明らかに知りながら、

2020年3月から同年7月まで、報酬を得るためにDの求めに応じて何度も軍港等の軍事基地に出向き、軍の装備および部隊の位置等の情報を観察、収集、撮影して、そのデータをWeChatや堅果雲、Rocket.Chat等のソフトウェアを通じてDに送信した。その間、CはDからWeChatやAlipayを通じて合計1万元（約22万円）以上の報酬を受け取り、その前後には釣り竿やカシオの腕時計等の財物も受け取った。

（国家安全機関が）秘密等級の鑑定をしたところ、CからDに送信した画像の中には、機密級の軍事秘密が1件、秘密級の軍事秘密が2件、内部事項に関連するものが2件あった。

最終的に、Cは境外のために国家秘密を偵察し、不法に提供した罪を犯したことにより、有期懲役6年、政治的権利剥奪2年の刑に処せられ、違法に取得した個人財産1万元（約22万円）を没収された。

アドバイス：

- 軍に関係する情報に接触することは避けましょう。

原文出典：「检察机关依法惩治危害国家安全犯罪典型案例」

事例6　軍事工業企業からの機密資料の持ち出しに関する処罰事例

軍事工業エンジニアが秘密関連資料を持って離職、7年の刑に

ある軍事企業の副チーフエンジニアだったEは、同じ会社で働く妻とともに退職する際、50枚以上のコンピューターソフトや大容量ハードディスク、および大量の設計ドラフト、記録、図面を無断で持ち出した。その中に、関連する軍事機密プロジェクトは30項目以上あった。

E夫婦は法廷で「悪い結果を何ももたらしていないではないか」と自己弁護したが、検察側は「秘密漏洩は行為犯であり、結果犯ではない。客観的に当事者が国家秘密を漏洩する環境を有し、国家秘密を漏洩した可能性があれば、罪の確定や刑の量定をすることができる」と厳しく指摘した。E夫婦はそれぞれ有期懲役7年と6年の刑に処せられた。

アドバイス：
- 軍事工業企業の内部事情は基本的に外部から収集すべきではないでしょう。
- 国家秘密に属する情報は、それを不法に所持しているだけで処罰の対象になります。

参考：「【全民国家安全教育日】国家安全教育典型案例五則」

事例7　重要人物の行動予定の漏洩に関する処罰事例

F氏のスパイ事件

被告人・F（男性）は、事件発生前は某空港の運行管理部の運行指揮者だった。2020年7月、Fがフリマソフトで自分自身のアカウントや姉・兄らのアカウントで雑務を請け負っていたところ、「魚総」と名乗るスパイ組織のエージェントが自動返信番号検索を使ってFのWeChatアカウントを友達に追加した。その後、Fは「魚総」から金銭で誘惑されて仲間に引き込まれ、彼らからの求めに応じて政府要人の空港到着スケジュールの情報を提供した。Fは自身が運行管理部指揮者であることを利用して、政府要人の行程情報を何度も偵察し、傍受して、国外のチャットソフトで「魚総」に送ったところ、「魚総」から提供された一連のスパイ活動にかかった経費2・6万元（約57万円）以上を受け取った。

（国家安全機関の）鑑定によれば、被告人・Fがスパイ組織のエージェント「魚総」のために提供した情報には、機密級の軍事秘密が1件、秘密級の軍事秘密が2件あった。最終的に、Fはスパイ罪を犯したことにより、有期懲役13年、政治的権利剥奪4年の刑に処せられた。

アドバイス：

- 重要人物の行動予定は国家秘密に該当することがありますので、うっかり入手してしまわないよう、十分気をつけましょう。

参考：「检察机关依法惩治危害国家安全犯罪典型案例」

事例8　公務員の副業に関する処罰事例

ネットワーク偽装の背後にある違法犯罪を見極めよう

「生活のためのソーシャルネットワーク、ソーシャルネットワークを維持するための生活」という言葉が、ますます現代人の真の生活を映し出すようになっている。世界中の人がインターネットでつながり、ソーシャルネットワークは人々の実生活に強い影響を及ぼしている。我々は、ソーシャルネットワークがもたらす心身の楽しみや、生活の利便性を享受しているが、それと同時に防御意識を高めて警戒もしなければならない。なぜなら、下心のある者がネットワーク技術を利用して身元を偽り、「出会い」「相談」「副業」等の名目で情報を収集したり、人目を引く方法でデマを流したり、トラブルを起こしたり、さらには国の安全に危害を及ぼしたりすることがあるからだ。

２０１６年12月、ある新疆ウイグル自治区内の一般基層公務員であるGは、よその地域を旅行した際に、携帯電話の交友ソフトで現地に住むユーザーと知り合い、意気投合した。帰宅した後、Gはしばしばネットで相手に自分の生活を共有し、「自分の賃金が低すぎる」と不満を漏らしていた。すると、相手から「自分のいとこのHが副業を紹介していて、小遣い稼ぎを手伝ってあげられる」と言われた。その後、HはGをWeChatの友達に追加して、Hに「現地の機微情報を提供すれば報酬を支払う」と約束した。Gが応諾すると、Hはさらに金銭で誘惑し、党政機関の秘密関連文書を集めるよう指示した。HはGが提供した文書を極めて重視していたため、Gに安全を確保するための特別にスパイ研修を行い、連絡や情報伝達の具体的な手法を教え、特別に人を手配して、経費とともに携帯電話やSIMカード等の連絡ツールを提供した。一方その頃、Gは相手が境外の諜報機関のエージェントであることを明らかに知りながら、高額の報酬を得るために危険を冒して秘密関連文書の収集・提供を続けていた。

事件発覚後、人民法院の審理により、Gが相手方に提供した文書資料は19通あり、そのうち6通は機密級文書、8通は秘密級文書、5通は情報と鑑定された資料であり、受領したスパイ活動経費は累計12万元（約264万円）以上にのぼることがわかった。

2019年3月、Gはスパイ罪により有期懲役11年6カ月、政治的権利剥奪4年の刑に処せられ、個人財産5万元（約110万円）の没収が併科された。

アドバイス：

- 中国では新疆をめぐる話題は非常に敏感ですので、極力避けるほうがよいでしょう。
- 公務員に対して副業を持ちかけることは避けましょう。

参考：「国家安全机关公布一批危害国家安全典型案例」

事例9　国の原子力発電についての秘密の漏洩に関する処罰事例

会社の副総経理（副社長）が国の原子力発電の秘密を漏洩し、17年の刑を受ける

中国共産党党員で、広東省のグループ会社の副総経理（副社長）を務めていた男Ｉがいた。Ｉは２００３年から２００７年まで、境外にいるＪに対して、中国の第3世代原子力発電の入札募集プロジェクトの関係資料および内部情報を何度も提供した。提供した資料等のうち、機密級の国家秘密が2通、機密情報が1通あった。２００９年4月、Ｉは境外のために国家秘密または情報を不法に提供する罪を犯したとして、広東省高級人民法院の終審判決で有期懲役5年、政治的権利剥奪1年の刑に処せられた。また、複数の罪により、有期懲役17年、政治的権利剥奪5年の執行も決定し、個人財産50万元（約１１００万円）の没収も併科された。

アドバイス：

- 政府機関関係者ではなく、企業から情報を得ることも、反スパイ法違反や国家秘密漏洩を理由とした訴追を招く可能性があります。

●エネルギー政策は国家安全上の重要な話題ですので、これに関する情報は敏感な情報（機微情報）であると考えたほうがよさそうです。

参考：「【全民国家安全教育日】国家安全教育典型案例五則」

事例10　宇宙分野の研究に関する情報漏洩をめぐる処罰事例

警鐘　海外での罠

中国が世界の舞台の中心に近づくにつれて、中国と世界とのつながりはより密接になり、中国国民が海外で勉強や仕事、旅行をしたりすることもますます便利になっている。海外には異国情緒あふれる場所やおいしい食べ物がある一方で、外国で警戒心を緩めた一部の人たちに狙いを定め、この機に乗じて罠を仕掛ける国外の諜報機関が中国国民の人身の安全を脅かし、国の安全や利益に潜在的なリスクをもたらしている。

宇宙分野の研究者であるKは、外国の大学の客員研究員であった期間に、外国の諜報機関のエージェントによって徐々に取り込まれ、科学研究の進展状況を売り渡した結果、国の安全に重大な危害を及ぼした。

当初、相手側は彼を食事やレジャーに誘ったり、プレゼントを贈ったりするだけだった。しかし、双方の関係が近づくにつれ、時に機微な質問をして、高額のコンサルティング料を支払うようになった。Kの帰国を前に、相手側はKに自らが諜報機関のエージェントであると身分を明かしたうえで、Kを味方に引き込んだ。その後、当該国の諜報機関は、Kのために専用のUSBメモリーとウェブサイトを準備し、任務指令の発出や情報の返送に用いた。Kは研究を終えて帰国した後も、国内各地で当該国の諜報機関のエージェントとの面会を続けた。対面や専用ウェブサイトでの情報伝達等を通じて相手方に大量の秘密関連資料を提供したうえで、スパイ活動にかかった経費を現金で受領した。間もなく、Kのスパイ行為は国家安全機関の目にとまり、2019年6月、北京市国家安全機関は法によりKに対して強制措置を講じた。2022年8月、人民法院はKをスパイ罪により有期懲役7年、政治的権利剥奪3年の刑に処し、個人財産20万元（約440万円）の没収を併科した。

この事例では、Kが宇宙分野の専門家であったことから外国の諜報機関の関心を引き、相手側に取り込まれることとなった。

アドバイス：

- 宇宙分野は中国政府が非常に注力している分野ですので、この分野に関する情報収集はより一層の注意が必要と思われます。
- この事例では、情報提供を依頼した側が自ら外国諜報機関の者であることを明示しているので、通常の企業活動における情報収集とは性質が異なるものです。ただ、外見上これと似た状況になって嫌疑を受けることはあり得るので、留意してください。

参考：「国家安全机关公布一批危害国家安全典型案例」

市民に向けての注意事項

最後に、具体的事例ではありませんが、一般市民に向けての注意事項として紹介されている内容があります。私たち日本人にも中国を訪問したときには非常に参考になる内容です。

公民は、日常の業務生活において、どのような活動が国の安全に危害を及ぼすのか、警戒心を高め、注意しなければならない。

具体的には、次のとおり。

一部の疑わしい者が、承認を経ずに内部に入って調査をし、科学技術や経済、企業等の状況について情報収集を行っている。こうした状況に気づいたら、みだりに相手方に情報提供せず、現地の公安機関または国家安全機関に報告すること。

境外のテレビ局やネットワーク等のメディアの扇動、デマの流布に警戒すること。

一部の境外の組織および人員が頻繁に我が国の軍事・秘密保持単位（訳注：原文「我国事、保密単位」は「我国軍事、保密単位」の誤記と思われます）の周辺に現れ、さまざまな機会に乗じて秘密にかかる情報および一般の情報を盗み取っている。疑わしい者に遭遇した場合には、直ちに（現地の公安機関または国家安全機関に）報告すること。

境外の背景をもつ一部の組織および個人は、一部大衆の不満情緒を利用して、政府と対抗するよう扇動している。これらの状況に遭遇した場合には、直ちに（現地の公安機関または国家安全機関に）報告しなければならない。

アドバイス：

● 軍事だけでなく、科学技術、経済、企業などの情報についても、許可なく情報収集すると、スパイ行為の疑いをかけられます。
● 日本にいるときの感覚で行動・発言（SNSでの発信など）をしていると、その意図がなくても、政府に反抗的な扇動行為とみなされることもあり得ます。中国国内に滞在するときには十分注意しましょう。

参考：「警钟！　浙江一高校学生窃取出卖国家秘密，被判刑5年6个月！」

第6章

反スパイ法とスパイ罪を正しく理解するために、中国で強化される国家監視体制の全貌を知ろう

反スパイ法と同じ政策に基づいて制定された法律はあるか

反スパイ法と並んで成立した法律群

反スパイ法が「依法治国（法による国家統治）」を上位政策とし、この政策に含まれる「総合的国家安全観」とともに当該大小2つの政策に基づいて制定されたことは第2章で説明しました。しかし、反スパイ法以外にこの2つの政策に基づいて制定された他の法律が全部で6つあります。以下ではその内容の概要について説明します。「最終章は反スパイ法以外の法律の説明が増えて難しい」と思う人もいるかもしれませんが、興味のある部分だけでも読んでみてください。

国家安全法

国家安全法は、全人代常務委員会が2015年7月1日に公布・施行した法律です。旧国家安全法は反スパイ法と同趣旨の条文を内包していましたが、改正前反スパイ法第40条が「この法律は、公布の日から施行する。1993年2月22日に第7期全国人民代表大会常務委員会第30回会議により採択された『国家安全法』は、同時にこれを廃止する」と規定したことにより、改正前反スパイ法の施行日である2014年11月1日に一旦廃止されました。前述の2つの政策に基づいて内容を刷新し、名称を同じくして、2015年7月1日に施行されたのが、国家安全法です。この法律において日本人、日本企業が最も注目すべき条文は第77条第1項でしょう。

第77条第1項　公民および組織は、国家安全を維持保護する次に掲げる義務を履行しなければならない。
（一）国家安全に関する憲法および法律法規の関係規定を遵守すること。
（二）国家安全に危害を及ぼす活動の手がかりを遅滞なく報告すること。
（三）知るところとなった、国家安全に危害を及ぼす活動にかかわる証拠をありのままに提供すること。
（四）国家安全業務のため便宜条件その他の助力を提供すること。
（五）国家安全機関、公安機関および関係軍事機関に対し必要な支持および助力を提供すること。
（六）知るところとなった国家秘密を保持すること。
（七）法律および行政法規所定のその他の義務

既に述べたとおり、現在、国家安全部は110番に相当する密告番号を設けて、中国公民にスパイ嫌疑の密告を奨励していますが、これは「国家安全に危害を及ぼす活動の手がかりを遅滞なく報告すること」という第2号の義務を根拠とするものです。

この法律の適用範囲が国内のみにとどまっているならば、日本人、日本企業としてこの法律が大きな関心事になることはありません。しかし、その適用範囲が世界各国で暮らす中国公民全般に及ぶとなるとどうでしょうか。

どこに住んでいるかにかかわらず、中国国籍を有してさえいれば国家安全法が自動的に適用されると仮定します（この仮定は中国政府の国家安全法に関する立場を代表すると考えています）。そうすると、日本において日本企業で働く中国人であっても「国家安全に危害を及ぼす活動の手がかりを遅滞なく報告する」義務を負うことになります。また、「知るところとなった、国家安全に危害を及ぼす活動にかかわる証拠をありのままに提供する」義務（第3号）を負うことになります。この義務の履行過程では、日本企業との守秘義務や日本の不正競争防止法が規定する営業秘密に関する法規制と矛盾衝突が起こることが予想されます。しかし、国家安全当局が当該中国人に対して強い要請をする場合、中国で暮らすご家族やご親族の安全を憂慮して、第3号の義務履行を優先してしまう可能性は大いにあると予想されます。同様に、国家安全当局から日本および日本企業における「国家安全業務のため便宜条件その他の助力を提供する」義務（第4号）や「国家安全機関、公安機関および関係軍事機関に対し必要な支持および助力を提供する」（第5号）義務（例えば指定された場所に盗聴器を設定する行為などが考えられます）の履行を求められた場合、当該中国人はその圧力にあらがうことができないかもしれません。

日本で暮らし、日本企業で働く中国人の圧倒的多数は、国家安全法第77条第1項各号の義務があることも知らないし、よもやご自身の人生で当該義務履行を安全当局から促される事態が起きるとは想像もしていないと思います。しかし、国家安全当局が貴重な情報源になり得ると考える場合、こうした義務履行を要求されることも理論上は大いにあり得ることになります。そうすると、「私たちには中国当局に知られて困る情報は一つもない」と断言できる日本人、日本企業には関係がありませんが、そうではない日本人、日本企業、そして日本政府は、まず国家安全法第77条第1項各号の各種義務を日本在住の中国人にも課していることを明確に認識したうえで、どう対策すべきかを考える必要はあるでしょう。

なお、国家安全法に関しては、次の2つのトピックスが皆さんの関心事でもあると思いますので、条文とともに説明します。

第79条 企業事業組織は、国家安全業務の要求に基づき、関係部門が講ずる関連する安全措置に協力しなければならない。

「企業……組織」には中国国内の日系企業（外商投資企業）が含まれますので、「国家安全業務の要求に基づき、関係部門が講ずる関連する安全措置に協力」する義務があります。有事において、日本の国益と中国の国益の狭間に立たされる可能性があるということです。

第65条 国が緊急状態もしくは戦争状態に入り、または国防動員を実施することを決定した後に、国家安全危機管理統制職責を履行する関係機関は、法律の規定または全国人民代表大会常務委員会の規定により、公民および組織の権利を制限し、ならびに公民および組織の義務を増加させる特別措置を講ずる権限を有する。

国家安全法の域外適用が可能であるとする立場からは、有事において、日本を含む外国にいる中国人（中国公民）に対して、国家安全法第77条第1項各号を含む「義務を増加させる特別措置を講ずる権限を有する」とされます。その具体的内容は有事が生じた後にしかわかりませんが、このような不気味な条文が国家安全法には含まれていることを知っておきましょう。

国家情報法

国家情報法は、2017年6月27日に全人代常務委員会が公布し、同年6月28日に施行した法律です（2018年4月27日に改正法が公布・施行）。国家安全法と国家情報法はイメージ的には前者をボスとし、後者を部下とするペアの関係にあります。したがって、国家情報法にも国家安全法第77条第1項と同じような条文が設けられます。なお、過去に日本の新聞その他のマスコミが日本に暮らす中国人が中国当局に日本企業、日本政府の情報を漏洩する危険の根拠として国家情報法のみを挙げたことがありますが、正しくは国家安全法と国家情報法の2つです。

第11条　国家情報業務機構は、境外の機構、組織もしくは個人が実施し、もしくは他人を指示し、もしくはこれに資金援助して実施させ、または境内外の機構、組織もしくは個人が結託して実施する、中華人民共和国の国の安全および利益を害する行為の関連情報を法により捜索し、および処理し、上記行為の防止、制止および懲罰のため情報の根拠または参考を提供しなければならない。
第12条　国家情報業務機構は、国の関係規定に従い、関係する個人および組織と協力関係を確立し、委託して関連業務を展開させることができる。
第14条　国家情報業務機構は、情報業務を法により展開するにあたり、関係する機関、組織および公民に対し必要な支持、助力および協力を提供するよう要求することができる。
第15条　国家情報業務機構は、業務の必要に基づき、国の関係規定に従い、厳格な認可手続きを経て、技術的偵察措置（注：盗聴器の設置等をいうでしょうか）および身分保護措置を講ずることができる。

国家安全法には違反の場合の法律責任が規定されていませんが、国家情報法には次のような法律責任が規定されています。

第28条　この法律の規定に違反し、国家情報業務機構およびその業務人員が法により情報業務を展開することを妨害した場合（注：協力要請に応じない場合にも「妨害」に該当するとの解釈があり得ます）には、国家情報業務機構が関連単位に処分をするよう建議し、または国家安全機関もしくは公安機関が警告または15日以下の拘留を科する。犯罪を構成するときは、法により刑事責任を追及する。

第29条　国家情報業務と関係する国家秘密を漏洩した場合には、国家情報業務機構が関連単位に処分をするよう建議し、または国家安全機関もしくは公安機関が警告または15日以下の拘留を科する。犯罪を構成するときは、法により刑事責任を追及する。

ネットワーク安全法

ネットワーク安全法は全人代常務委員会が２０１６年11月7日に公布し、２０１７年6月１日に施行した法律です。この法律は一部のマスコミがインターネット安全法と訳していますので、ネットワーク安全法という訳に違和感を抱く方もおられるかもしれません。しかし、中国語原文の网络安全法の「网络」の通常の意味はネットワークであり、インターネットには英語の発音に由来する「因特网」または常用される「互联网」の漢字があてられること、また同法の内容はインターネットに限定されていないことから（※）、ネットワーク安全法の訳が正しいと考えています。

※ネットワーク安全法第76条第1号はネットワークの定義を規定します。

第76条 この法律の次に掲げる用語の意義は、当該各号に定めるところによる。
（一）「ネットワーク」とは、コンピューターまたはその他の情報端末および関連設備により構成され、一定の規則およびプログラムに従い情報について収集、保存、伝送、交換および処理をするシステムをいう。

これを見れば、ネットワーク安全法の対象がインターネットに限られないことが一目瞭然であると思います。

ネットワーク安全法は後に説明するデータ安全法、個人情報保護法（中国語原文は個人信息保護法ですが、日本の同名の法律との関係上、それはさすがに響きに違和感があるので、同法の訳としては個人情報保護法とします）とともにデータ三法と呼ばれることもあります。データ三法はいずれも「依法治国（法による国家統治）」「総合的国家安全観」の2つの重要政策に基づく点では国家安全法、国家情報法と同じです。

総合的国家安全観は伝統的国家安全観に加え、国家安全を政治、国土、軍事、経済、文化、社会、科学技術、信息、生態系、資源、核、生物などに拡張する政策であると説明しましたが、そこに信息が含まれます。そこで、①個人情報保護法により個人の個々の信息保護を図り、②データ安全法により多数の信息が有機的に結合することで生じるデータ保護を図り、③ネットワーク安全法により個人の信息やデータが流通するインフラとしてのインターネットやその他の通信インフラに関する安全を図ろうというわけです。保護の対象には、個人の権利・利益だけでなく、国家の利益（国家安全保障にかかる利益）が含まれます。個人情報保護法を例にとって説明すると、同法の目的には、日本と同様、プライバシー権という基本的人権と結び付いた個人の信息を保護する趣旨も含まれるのですが、これに加えて総合的国家安全観に基づき個人の信息を海外に持ち出すことに規制をかけるという国家安全保障の趣旨が強く打ち出されています。こうしてデータ三法はいずれも「依法治国（法による国家統治）」「総合的国家安全観」の2つの重要政策に基づくということができるわけです。

ネットワーク安全法の注目すべき条文は、次の3つです。

第12条第2項　いかなる個人および組織も、ネットワークを使用するにあたり、憲法・法律を遵守し、公共秩序を遵守し、社会公徳を尊重しなければならず、ネットワーク安全を脅かしてはならず、ネットワークを利用して国の安全、栄誉および利益を脅かし、国家政権の転覆および社会主義制度の転覆を扇動し、国の分裂および国家統一の破壊を扇動し、テロリズムおよび過激主義を宣揚し、民族的憎悪および民族的差別を宣揚し、暴力および猥褻《わいせつ》色情情報を伝播させ、虚偽情報を捏造し、および伝播させて経済秩序および社会秩序を攪乱し、ならびに他人の名誉、プライバシー、知的財産権その他の適法な権益を侵害する等の活動に従事してはならない。

ネットワークに関するプロジェクトは外資に対する参入規制が一貫して敷かれています。中国が2001年12月11日にWTO（世界貿易機関）に加盟したことによりそれ以前より規制緩和されましたが、現在に至るまで厳格な参入規制は一貫します。中国からは電子版万里の長城と呼ばれる国家的なアクセス阻止システムの効果としてYahoo!やGoogleへのアクセスができませんし、日本の新聞電子版へのアクセスもできません。インターネットを含むネットワークの完全開放は、例えば天安門事件など中国が情報統制を敷いている情報への自由なアクセスを可能にし、アダルトビデオなどへのアクセスにより風紀が乱れ、それがひいては国家・社会の安定を害するリスクがあると考えていることが主たる理由だろうと推測されます。それを端的に表現したのがネットワーク安全法第12条第2項だと考えられます。

次に個人の信息やデータが越境して流通することを規制する第37条があります。

> **第37条**　基幹情報インフラストラクチャーの運営者が中華人民共和国の境内での運営において収集し、および発生させた個人信息および重要データは、境内において保存しなければならない。業務の必要により、確かに境外に対し提供する必要のある場合には、国のインターネット情報部門が国務院の関係部門と共同して制定する弁法に従い安全評価をしなければならない。法律および行政法規に別段の定めのある場合には、当該定めによる。

※「基幹情報インフラストラクチャーの運営者」の意義については、同法第31条第1項が規定します。

第31条第1項　国は、公共通信および情報サービス、エネルギー、交通、水利、金融、公共サービス、電子政務等の重要業種および分野その他の一旦破壊を受け、機能を喪失し、またはデータが漏洩すると、国の安全、国民経済・人民生活および公共利益を重大に脅かすおそれのある基幹情報インフラストラクチャーについて、ネットワーク安全等級保護制度を基礎として、重点保護を実行する。基幹情報インフラストラクチャーの具体的範囲および安全保護弁法については、国務院がこれを制定する。

データ三法のうち時系列的に一番早く施行されたネットワーク安全法は早くも「個人信息および重要データは、境内において保存しなければならない」という原則を確立し、例外として「業務の必要により、確かに境外に対し提供する必要のある場合」には「国のインターネット情報部門が国務院の関係部門と共同して制定する弁法に従い安全評価」をしたうえでなければ越境移転ができない旨を明記しました。この発想は後に施行されるデータ安全法と個人情報保護法に受け継がれています。

最後に、携帯電話やWeChatの実名化を強制し、匿名化等を禁止する第24条第1項が注目されます。

第24条第1項　ネットワーク運営者は、使用者のためネットワーク接続およびドメイン名登録サービスを手続きし、固定電話、移動体通信等のネットワーク接続手続きをし、または使用者のため情報の頒布、インスタントメッセンジャー等のサービスを提供するにあたり、使用者と合意を締結し、またはサービスの提供を確認する際に、使用者に真実の身分情報を提供するよう要求しなければならない。使用者が真実の身分情報を提供しない場合には、ネットワーク運営者は、当該使用者のため関連サービスを提供してはならない。

2017年6月1日のネットワーク安全法の施行日から、中国では携帯電話などネットワーク関連のすべてで実名制に移行し、匿名や第三者名義での利用は一切できなくなりました。誰が誰と携帯電話を利用していかなる通話をしているか、WeChatなどでいかなるメッセージを交わしているかについて、安全当局は有事には実名ベースで知ることができる確率が高まりました。これにより、ネットワーク安全法施行日以降、それまでWeChatを利用していた台湾人のWeChat離れとLINE等への移行が進んだともいわれます。また、中国の政府行政機関の方々が私たち民間人とWeChatを交換したり、交換済みの場合にも時候の挨拶を含むやり取りをしたりすることを控える傾向が、時の経過とともに顕著になっていきました。

データ安全法

データ安全法は全人代常務委員会が2021年6月10日に公布、同年9月1日に施行された法律です。同法が総合的国家安全観に基づくものであることは条文から自明です。

第4条　データ安全を維持保護するにあたっては、総合的国家安全観を堅持し、データ安全統治体系を確立して健全化し、データ安全保障能力を高めなければならない。

先ほどデータの意義について「多数の信息が有機的に結合することで生じるデータ」と書きましたが、それが保護の中核になることは確かですが、データ安全法第3条第1項の定義はより広範であり、個人情報保護法が対象とするたった1個の個人の信息であっても法律上は同時にデータとなることに注意する必要があります。

第3条第1項　この法律において「データ」とは、信息に対する電子その他の方式による何らかの記録をいう。
第2項　データ処理には、データの収集、保存、使用、加工、伝送、提供、公開等を含む。
第3項　「データ安全」とは、必要な措置を講ずることを通じて、データが有効な保護および適法な利用の状態にあることが確実に保証され、ならびに持続的な安全状態を保障する能力を具備することをいう。

データの越境に関しては、データ安全法はネットワーク安全法第37条に一任するような規定を有します。

第31条　基幹情報インフラストラクチャーの運営者が中華人民共和国の境内において運営中に収集し、および生成した重要データの出境にかかる安全管理には、「ネットワーク安全法」の規定を適用する。その他のデータ処理者が中華人民共和国の境内において運営中に収集し、および生成した重要データの出境にかかる安全管理弁法は、国のインターネット情報部門が国務院の関係部門と共同してこれを制定する。

もっとも、2024年4月15日公布、同年10月1日施行予定の「会計士事務所データ安全管理暫定施行弁法」は、次のように規定します。例えばアメリカ証券市場で上場する中国企業の監査業務を行う会計事務所が、アメリカの証券取引所などの指示にしたがって監査を通じて知り得た当該中国企業の重要データを、同弁法を含む中国の法律法規を遵守せずに提供する場合、データ安全法などにより行政処罰を科します。そのうえ、事案の内容によっては刑事責任を追及する旨を規定し、監査業務を行う会計事務所にプレッシャーをかけます。今後、データ安全法はこのように職業別にきめ細かな規制法規を制定していく可能性があります。

個人情報保護法

個人情報保護法は全人代常務委員会が2021年8月20日に公布、同年11月1日に施行された法律です。データ三法では最も遅く公布・施行されたこの法律は前述のとおりプライバシー権と結び付いた個人の信息の保護を図ると同時に、個人の信息の越境移転を規制する趣旨を内包します。その趣旨は次の第38条第1項各号、第3項を含む「第3章　個人情報のクロスボーダー提供にかかる規則」（第38条～第43条）で詳細な規定が置かれ、これに付随する多数の法律法規などが発布されています。これを知ると、中国の日系企業が日本の本社に従業員の個人の信息を含んだデータを気軽に送付することが許されなくなったことがわかります。

第38条第1項　個人情報処理者は、業務等の必要により、確かに中華人民共和国の境外に対し個人情報を提供する必要がある場合には、次に掲げる条件の1つを具備しなければならない。

（一）第40条の規定により国のインターネット情報部門の組織した安全評価に合格していること。

（二）国のインターネット情報部門の規定に従い専門業務機構の実施する個人情報保護認証を経ていること。

（三）国のインターネット情報部門が制定した標準契約に従い境外の受領者と契約を締結し、双方の権利および義務を約定していること。

（四）法律、行政法規または国のインターネット情報部門所定のその他の条件

第3項　個人情報処理者は、必要な措置を講じ、境外の受領者による個人情報の処理にかかる活動がこの法律所定の個人情報保護標準に達することを保障しなければならない。

反テロリズム法

反テロリズム法は全人代常務委員会が2015年12月27日に公布し、2016年1月1日に施行し、2018年4月27日に改正法が公布、施行された法律です。その趣旨は次の第2条第1項、第3条第1項を見れば明らかです。

第2条第1項　国は、あらゆる形式のテロリズムに反対し、法によりテロ活動組織を取り締まるものとし、テロ活動を組織し、画策し、その実施を準備し、もしくは実施し、テロリズムを宣揚し、テロ活動の実施を扇動し、テロ活動組織を組織し、指導し、もしくはこれに参加し、またはテロ活動のため幇助《ほうじょ》を提供するいかなる者に対しても、法により法律責任を追及する。

第3条第1項　この法律において「テロリズム」とは、自らの政治およびイデオロギー等の目的を実現するため、暴力、破壊、恐喝等の手段を通じて、社会的パニックを引き起こし、公共の安全に危害を及ぼし、もしくは人身の財産を侵害し、または国家機関もしくは国際組織を脅迫する主張および行為をいう。

香港国家安全維持保護法

香港国家安全維持保護法の成立

反スパイ法と同じ「依法治国（法による国家統治）」「総合的国家安全観」の2つの重要政策に基づき制定された法律が全部で6つあることを概観しましたが、この2つの政策に基づいて、香港（香港特別行政区）でも2020年6月30日に全人代の授権を受けた全人代常務委員会が香港国家安全維持保護法を公布・施行しました。以下ではこの法律を概観し、同時に全人代がなぜ香港基本法が制定する一国二制度を弱体化（香港を大陸化）させてまで同法の制定に踏み切ったのかを簡単に説明します。

香港基本法では香港の国家安全保障は香港が決めるとされていた

1985年に発効した英国による中国への香港返還を決めた中英共同宣言に基づき、全人代が制定した香港基本法は一国二制度を採用しました。これには例えば香港に高度の自治や、固有の立法権（国会に相当する立法会）、行政権（強い権限を持つ行政長官を頂点とする固有の行政組織）、司法権（最高裁に相当する終審法院〈the Court of Final Appeal〉を頂点とする固有の裁判所）を認めるといった内容が含まれます。また、香港では内地（大陸）の法律ではなくコモン・ローが適用されることも容認されていました。コモン・ローとは、香港を植民地支配していたイングランド法の本質で、制定法と並んで裁判官が制定する法（judge-made law＝判例法）が法律として法源（裁判所が紛争解決の基礎とすることができる規範）となる制度です（例えば殺人罪について、謀殺〈murder〉、非謀殺〈manslaughter〉の区別を問わず、コモン・ローでは制定法の根拠がなく、判例法が根拠となります）。したがって、香港の自治権の範囲にある事項は全人代や全人代常務委員会が制定する法律でなく、香港の立法会（国会に相当）が制定する条例（Ordinance）により規律されるべきものと考えられてきました。香港基本法第23条は香港における国家安全保障も香港の自治権の範囲にある事項であり、立法会が制定する国家安全条例により規律されると規定します。

> 香港特別行政区は自ら、中央政府に対する反逆、分裂、治安妨害、転覆または国家秘密の窃盗のいかなる行為も禁止し、外国の政治組織または団体が当該区において政治活動を行うことを禁止し、かつ、当該区の政治組織または団体が外国の政治組織または団体と結託することを禁止する法律を制定するものとする。

しかし、コロナ禍により平時より2カ月延期して開会された２０２０年の全人代で、閉幕する同年5月28日に公布された「香港特別行政区における国の安全の維持保護にかかる法律制度および執行メカニズムを確立して健全化することに関する全国人民代表大会の決定」は香港特別行政区国家安全維持保護法を全人代が早期に公布する旨を明言して、これにより世界、とりわけ日本を含む西側諸国を震撼させました。なぜなら、西側諸国の価値観からすると、この法律は中英共同宣言により香港に認められたはずの高度の自治を中国が大きく侵害するものであったためです。同年6月20日には、全人代常務委員会法制工作委員会が新華社を経由して発表した「説明」により法の概要が明らかにされました。それから僅か10日後の同月30日、全人代が前述の「決定」により制定を授権した全人代常務委員会により、同法がついに採択、公布、施行されたのです。これについて、日本を含む西側諸国は一斉に「国際条約である中英共同宣言違反だ」「香港基本法が規定する一国二制度を形骸化するものだ」などの論調で中国を非難し、西側諸国のマスコミの報道を見る限り、中国流で言えばさながら「四面楚歌」の様相を呈するに至りました。

2024年に入っても、終審法院のnon-permanent judgeと呼ばれる他のコモン・ロー圏から招《しょう》聘《へい》された裁判官の一部が、昨今の政治情勢を理由として辞任する事態が生じています。

※香港基本法第8条、第18条第1項は、イングランド法を母法とするコモン・ローが香港返還後も香港法を構成すると規定し、その関係から終審法院を含む香港裁判所の裁判官は、イングランドおよびウェールズを含みますが、これに限らないコモン・ロー法域（オーストラリア、ニュージーランド、ケベック州を除くカナダ、シンガポール等）から招聘できることを規定します（香港基本法第82条、第92条）。そのため、終審法院のnon-permanent judgeと呼ばれる他のコモン・ロー圏から招聘された裁判官が存在することになるのです。

中国はなぜ香港国家安全維持保護法の制定に踏み切ったのか

しかし、そのことを明確に予見していたはずの中国がなぜあえて全人代を通じて香港国家安全維持保護法の制定に踏み切ったのでしょうか。

ここでは2014年の雨傘革命以降、香港におけるデモが大きく様変わりしたことが関わっています。従来、香港では何かあると市民がデモを実施してきました。時には、2003年7月1日の香港基本法第23条に基づく国家安全条例制定に反対する50万人デモのような大規模デモになることもあったのですが、いずれもとても平和的なもので、暴力を含む違法行為がないのが特徴でした。ところが、香港のトップである行政長官について「真の普通選挙（真的普選）」を求める2014年の雨傘革命は、いつもと様相が異なりました。長期間にわたり金融街の中心地であるアドミラルティ（Admiralty。金鐘）の公共道路を占拠して、ビジネスに甚大な負の影響を及ぼす「長期継続型デモ」となったのです。2019年の逃亡犯条例改正に対する反対デモに至っては、警察官にバイクで突っ込み大けがを負わせたりするなどの暴力行為が頻発する事態となりました。つまり、香港デモの特徴であった平和的デモの性質が大きく変容してしまったのです。

いかなる国家、地域であっても、警察官に対する暴力を伴うデモまで容認すれば、治安維持はおよそ不可能です。その結果、デモ参加者は決して渡ってはならないルビコン川を渡ったと評価され、中国共産党および中国政府に香港への介入強化（一国二制度の弱体化）の断固たる決意を固めさせることとなりました。

香港で暴力的デモを長期間放置すれば、それをきっかけに中国の国家や社会の安定が害されるリスクを誘発しやすくなることにも注目する必要があります。というのも、香港人は同じ広東語をネイティブとする広東省の人々と親戚関係にあることが多く、そこからデモが中国本土にも伝播しかねない可能性を秘めているからです。親族間でのクローズドな会話を通じて、「西欧型民主主義の実現のためには暴力的なデモさえやむを得ない」との強固な民主派思想を持つ香港人から、広東省の人々が徐々に思想的な影響を受けていけば、中国的価値観からすると危険な思想の持ち主が増える結果になりかねません。広東省はもともと必ずしも北京に従順ではない自主独立の気風を有していた過去があるうえ、一省で日本に迫る1億1千万人を超える人口を擁する広大な省です。そのため、香港で暴力的デモを長期間放置すれば「香港のまねをすれば体制変革ができる」という誤ったメッセージを発することになります。そうすれば、西側諸国の危険思想に汚染された「思想の毒」が他の省に広がり、ひいては中国全土に蔓延《まんえん》する最悪の事態にもなりかねません。

1997年7月1日から逃亡犯条例改正に反対する暴力的デモが頻発する2019年まで20年以上という長い期間を付与されながら、香港は香港基本法第23条の要求どおり自ら国家安全条例を制定することができていません。そこで、香港を発端とする民主化運動のリスクがこれ以上拡散することを防止する観点から、全人代は反スパイ法と同じ「依法治国（法による国家統治）」「総合的国家安全観」の2つの重要政策に基づいて香港国家安全維持保護法を制定し、直接香港に適用するほかないとの決断に至ったと思われます。

これよりも前の時期から中国政府（外交部）は既に鄧小平が打ち立てた「韜光養晦」（才能を隠して外には出さない）の方針を捨て、アメリカを中心とする西側諸国と必要に応じて摩擦を引き起こすことも躊躇《ちゅうちょ》しない「戦狼外交」と呼ばれる強硬姿勢に転じたため、国家安全保障がかかった局面で西側諸国からの批判を気にする選択肢はなかったと考えられます。

日本での言動もチェックされている

第1章で述べたとおり、香港の雨傘革命や逃亡犯条例改正に反対する暴力的デモはアメリカのCIAの別動隊と考えられているNED（全米民主主義基金）などの外国勢力と、これと結託した愛国心のない香港人により引き起こされたと中国は考えています。そして、同様の危険は内地でも認められると考え、反スパイ法を含む全部で7つの「依法治国（法による国家統治）」「総合的国家安全観」の2つの重要政策に基づく法律を駆使して、日本人を含む外国人に対する監視を強めています。しかし、中国政府がより強い監視の目を向けているのは、何よりも圧倒的な人口を形成する中国公民です。中国の国家公務員を中心に「物言えば唇寒し」の風潮が広がる背景には日本人の何倍も中国公民、特に国家公務員などの要職にある方々に経済発展重視の時代にはないプレッシャーがかかっている現状があります。

日本のマスコミは中国の人民解放軍の国防予算が毎年急拡大しているとか、国防予算が不透明であるとかの論調を展開しますが、実際には中国内地の安全を確保するために警察（公安部）などに投入される国家予算のほうがずっと多いといわれます。その理由は、中国共産党および中国政府が真に恐れているのは同じ中国公民だからです。その集団的支持を失うとき、中国共産党および中国政府は瞬時に瓦解するという強い意識を持っているのです。したがって、中国政府は常に各地の真の失業率はどうか、有効求人倍率はどうか、市井の人々は日々の暮らしに不満を抱いていないかなどをありとあらゆる方法で徹底調査を継続実施していると同時に、都市部において膨大な数の監視カメラを設置し、常に不穏の種がないかを監視しています。中国公民であれば誰しもが知るところですが、信号無視をして狭い道を歩行で渡っただけで監視カメラが世界一流の顔認証技術を駆使して瞬時に個人を特定し、翌日に反則金の納付命令書が自宅に届くというところまで中国の国家監視体制は到達しています（現在は携帯電話に納付命令が届くとか）。私が1996年8月31日に中国に赴任した頃には発展途上国にありがちな危険な車の運転が横行していましたが、今は鳴りを潜め、日本の交通マナーを凌駕《りょうが》する紳士的な交通マナーが実現しています。それは中国公民の文化意識向上というよりはむしろ「私たちは常に国家により監視されている」という強い意識に支えられています。このようにすべての中国公民は本人が意識するか否かを問わず、高度の国家監視体制に常時さらされているのです。

外国人であっても一定の職業の者や一定の社会的地位にある者には、特段の監視が継続的に行われていると考えるべきです。特に私が赴任した頃には、外国の弁護士が今ほど多くなかったこともあり、私自身も常時監視対象になっていました。それがわかったのは、私の周囲の中国人弁護士（律師）などが国家安全当局者にお茶に誘われ、私自身がどのような思想を有する者であるかを尋ねられたことを、後々になって私に教えてくれたことがあるからです。また、2008年か2009年の頃でしたでしょうか、名古屋の東海日中貿易センターに招聘されてその総会で基調講演を行った際、一部の言動（中国経済が将来的にインド経済に追い越される可能性に言及した部分だと思います）が親中的でなかったのか、上海に戻った後に上海市人民政府の親しい国家公務員の方からお茶に誘われ、「もう少し言動には注意をするように」と説諭を受けました。もちろんこのような本を出版したことも当然チェックの対象になっているはずであり、この本が親中的ではないと思われたならば、私が現在保有しているグリーンカード（外国人永久居留身分証）も10年に1回の次回更新時に拒否されてしまうなどの弊害が生じるかもしれません。

社会的影響力がない私ごときですらこうなのですから、日本を代表する上場会社の董事長や総経理などの要職にある日本人は100％の確率で常時中国政府による監視体制の対象になっていることを強く意識すべきです。その一挙手一投足、すべての言動は本人が閉鎖的空間で行われたものなので問題がないと思っていても、実際には監視体制の対象にあると考えたほうが良いでしょう。

私自身は30年近く昔の最初の赴任時からずっとこうした経験をしてきたので、日本での言動を含めて常時監視されるのは当たり前のことで慣れてしまい、それを意識したりストレスと感じたりすることもなくなりました。しかし、私と同じように中国赴任歴が長い人ほど、また中国のことをわかっていると思っている人ほど、自分が常時監視対象となっていることを意識しなくなる傾向が顕著であるように見えます。また、同じように常時監視対象になっていても、時代の変遷に伴い、その取扱いが変わっていることに気づいていない人が多いように感じます。つまり、経済成長を重視し、西側諸国に迎合する傾向が強かった江沢民時代・胡錦濤時代と、そのような迎合姿勢を捨て去って西側諸国とぶつかる場面が多々起きようとも、またその結果経済成長が鈍化する局面があろうとも、断固として国家安全保障を重視する現在の習近平時代では、「中国がまったく異なる国家となった」ほどに変化していることに気づかず、昔の時代の感覚のまま中国の国家公務員との関係を改めようとしない人が少なくないように思うのです。

これは日本滞在歴が長く、日本語を流暢《りゅうちょう》に話す日本の大学に勤務する中国人の教授たちにもみられる現象です。一方で中国帰国時に国家公務員である大学の同級生などに接触し、他方で請われるがままに日本政府やそのシンクタンクに対して信息の提供（中国側の観点からすると必ず国家秘密や情報が含まれていると疑われます）を行うとすれば、その行動は典型的な「両面人（八方美人）」となります。実際の信息の中身はともかく、時代の流れを踏まえると「型」が悪過ぎて、「どんな話をしていたのか」と長期にわたり詰問される素地が生まれるに違いありません。今の時代にこのような行動をとれば、自分の身も危険にさらしますし、インタビュー対象とした国家公務員である大学の同級生などの身も危険にさらしてしまいます。これはあまりにも配慮がなく、「自分だけは特別であり、問題がない」という根拠なき自信の産物です。

私のように30年単位で中国と付き合い、中国と中国人をこよなく愛する者こそ、次のような認識を持つべきです。

①中国という国家が胡錦濤時代の終焉（総書記および中央軍事委員会主席退任は2012年11月、国家主席退任は2013年3月）までに、以下に挙げる二度の歴史的大転換を経験していること
・建国（1949年10月1日）から毛沢東主席の逝去（1976年9月9日）までのピュアな社会主義国家としての時代
・改革開放（1978年12月）を契機として、特に社会主義市場経済の誕生（1992年10月）以降、江沢民時代、胡錦濤時代の経済に資本主義的要素を大胆に取り入れて経済発展による国力増強を最も重視した時代
②現在の習近平政権は経済発展を最重視する姿勢を捨て去り、国内外の反対勢力を排除する国家安全保障を重視する姿勢に転換し、特色のある社会主義国家の実現に向けて大きく舵を切った三度目の歴史的大転換の渦中にあること

そしてこの認識に基づいて日々の言動に十分注意し、親しかった中国の国家公務員などとの関係も再構築（場合によっては解消）すべきことを強く意識すべきであると思います。要するに、中国や中国の友人たちを本当に大事に思っているならば、今の中国が嫌がることを知り、それをやるな、時代の移り変わりのアップデートができていないままで今の中国を語るなということです。

新たな中国の政策方向に合わせた新たな社内教育が必要である

以上のような道理を知ると、日本企業内部で「中国通」として評価されている人の言動をそのまま信用してよいのかという大きな疑問が生じます。私見では、社内の「中国通」が古い江沢民時代・胡錦濤時代の感覚で思考が固定化してしまっており、三度目の歴史的大転換期にある現代中国において重要なことは何かを見抜けていない場合、その人が現在なお中国駐在にあるならば、広義のスパイ罪で訴追されたり、改正反スパイ法違反で行政処罰を受けたりする危険に直面するのではないか、と考えています。

日本企業には中国の子会社に出向させた日本人駐在員や中国への出張者を危険から守る責務があり、そのためには改正反スパイ法が要求する反スパイ教育を継続実施することが重要です。その過程では「三度目の歴史的大転換の渦中にある現代中国の思想を知る」ことを最重視すべきであると考えます。特に、長い間中国に赴任していても、離任後ずっと日本にいて、日本のマスコミばかりから情報を得るようになった「中国通」の発言は聞くに堪えない無茶苦茶な言動が多々含まれることを私自身何度も経験していますので、注意が必要です。真に必要なのは新たな中国の政策方向に合わせた新たな社内教育なのであり、時に老害化しているとしか見えない古い時代の「中国通」の言動は徹底排除すべきです。

大使館や総領事館は本気で邦人保護を図ってくれるのか

また、本書ではいかに従前親しい関係を構築してきたとしても、中国の国家公務員とは距離を置き、他方で大使館や総領事館に出向している日本の公務員とも距離を置くことを強く推奨しています。それは国家秘密や情報の取得、提供という流通経路の双方を遮断してしまうことが「李下に冠、瓜田に履」の状態を回避するために最も優れた対応だからです。そして、それを徹底することが国家安全当局から見てとても安心できる「型」を守ることだと確信します。

もっとも、日本企業や中国の日系企業には大使館や総領事館と平素から仲良くしていないと、有事において助けてもらえないのではないかという不安心理が働くかもしれません。しかし、私自身の30年近くに及ぶ中国経験からすると、大使館や総領事館が有事において助けてくれることはまずありません。

例えば、私が独立前にお世話になった大江橋法律事務所上海代表処で勤務していたときのことです。1人の日本人が民事裁判で敗訴し、債務を背負ったことを理由として、管轄人民法院からパスポートを取り上げられて出国できなくされただけでなく、何と債権者らから拉致されるという事態が生じました。この緊急事態に直面して、私自身も上海総領事館に助力を求めました。しかし、邦人が拉致され危険にさらされているというのに、上海総領事館は文字どおり何もしませんでした。まったく何も、です。その結果、当時の私のボスと大先輩の中国律師は自ら危険を冒して救出に乗り出し、実際に彼を救い出してきたのです。私自身も是非一緒に現場に連れて行ってほしいと懇願しましたが、ボスは「村尾君はまだ若く、お子さんも小さいから連れてはいけない」と言われて泣く泣く事務所に残りました。クライアント、それもお金も払えないクライアントのために危険を顧みないお2人の英雄的姿勢を今でも心から尊敬すると同時に、他方で当時の上海総領事館の総領事を含めて、日本政府は有事に何もしないことへの強烈な怒りを覚えました。

これについて外務省勤務の知人に後日文句を言う機会があったのですが、「上海総領事館は外務省で優秀な人間が赴任するところではないので仕方がない」といった趣旨のことを言われて愕《がく》然《ぜん》としました。その言葉が、邦人保護を重要な任務と考えているようには全く思えなかったからです。彼は中国の日本大使館や総領事館の職員たちとまさに「同じ穴のむじな」でした。この言葉は、外務省の邦人保護に対する考えを端的に表現しているのではないかとすら思います。

また、日本人が香港で香港警察に身柄を拘束されて訴追された異なる2つの刑事事件で、私は1回無罪判決をとり、1回公訴棄却を勝ち取った経験がありますが、この2回とも被疑段階で香港総領事館に面会希望を出していました。しかし、領事はたったの1回も面会に来ることもなく、保釈後ももちろん何らの接触も一切ありませんでした。両事件はいずれも冤罪《えんざい》であったわけですが、そうした事態でも香港総領事館は「知らぬ存ぜぬ」を決め込んでいたわけです（ちなみに香港や台湾では身柄を拘束されたり訴追されたりしても有罪率は日本と比較して決して高くなく、冤罪であることも多々あり、ゆえに無罪判決や公訴棄却決定を勝ち取れる可能性も相対的に高いのです）。

この3回の経験で、私自身は「大使館や総領事館など有事には何もしない」と強く確信しています。もしかすると、普段から親しくしている上場会社の総経理などであれば対応が違うのかもしれませんが、私の実体験では普通の民間人は見捨てられるに等しい対応をされます。したがって、私自身は大使館や総領事館に信息提供のつもりで、結果として安全当局に国家秘密や情報を売ったとみられるような危険を冒す価値は1ミリもないと思っています。この見解を極端なものとするかどうかは読者の皆さんに委ねますが、私自身は有事における大使館や総領事館の助力など幻想にすぎないと考えます。

なお、フェアネスの観点から、例外もあることを付記して本書を終えたいと思います。

まず、広東省と遼寧省の総領事をお務めになったT総領事という方がおられます。この方はキャリアではありませんでしたが、それだからか、私たち民間の助力要請にもこちらが恐縮するくらい親切にご対応いただきました。具体的には2010年頃、広東省で吹き荒れた労働者によるストライキの現場に多々赴いて労働組合と真摯に交渉し、解決に導きました。時に現場では投石行為などの暴力行為があり、私は自身と同行してくれた中国律師の安全を守るべく、有事において地元公安局に助力を要請してほしいとお願いしました。また2013年頃、遼寧省である日系企業の解散・清算の現場で労働組合との経済補償金の交渉が難航し、同行した中国律師のパソコンやメガネが壊されるという暴力行為に直面しました。半年に及ぶ交渉中、危険がずっと隣り合わせでしたので、遼寧省の総領事となっておられた旧知のT総領事に状況を報告し、有事において同様のお願いをしました。いずれも結果として地元公安局のお世話にならずに無事解決できたのですが、有事が起きたとしても常に温かい言葉をかけてくださったT総領事がいるという安心感は、苦しい交渉の過程で私の心のよりどころでした。

また、中国とまったく関係がありませんが、私の法律事務所では3人のウクライナ避難民を職員として採用しています。彼らが無事日本に来ることができたのは、ポーランドにある日本の大使館などのおかげです。外務省の支援なくして苦難の逃亡を経た彼らが来日することはできなかったことを知る私は、この点で深く外務省に感謝しています。

以上のとおり、大使館や総領事館にも感謝すべき場合があることは否定しませんが、原則として「大使館や総領事館など有事において何もしない」という強い信念は不変です。スパイ罪の疑いをかけられ中国で6年にわたり身柄を拘束された経験を持つ鈴木英司氏の著書『中国拘束2279日　スパイにされた親中派日本人の記録』（毎日新聞出版）にも同様に「大使館は役立たず」である趣旨の記載があり、私の強い信念は一層強化されました。

ゆえに現代中国において、日本人駐在員を有事における助力を期待して大使館や総領事館と定期信息交換をさせるという行為は愚行以外の何物でもない、と私自身は信じています。

おわりに

私と中国とのご縁の始まりは、司法修習生（第47期）であった1993年の夏休みに、神戸市の自転車友好団体の1人として内モンゴル省都フフホトから天津市までの1100キロ走破に挑戦し、完走したことです。全参加者60人中12人しか完走できないほど山あり谷ありの道中で、1日300キロ近くを毎日走って4日で完走するという素人にはきつい旅路でした。その道中、当時多数あった外国人に対する未開放地の村々で大歓迎を受け、中国が一気に好きになってしまったのです。その後、お世話になった大江橋法律事務所上海代表処で1996年8月から1999年8月まで勤務しました。独立後も2007年12月まで上海で過ごし、2008年1月から2016年2月に帰国するまで香港で過ごしました。そのため、30年にわたる私の弁護士人生のほとんどは中国とのご縁なしには語ることができません。この間に生涯続く多数の中国人の友人知人を得てきたので、日本人と中国人の国籍を区別することなど無価値に等しいとすら思うほどです。いまや私にとって中国は第二の祖国であり、上海は第二の故郷となっています。

中国の国家公務員の皆さんにも計り知れないほどお世話になりました。上海経済委員会（当時）には2003年から数年間、顧問弁護士に選任していただきましたし、上海市に貢献のあった外国人に贈られる白玉蘭奨を二度受賞しました。また、上海市外事弁公室および経済委員会

（当時）の推薦で、当時は今より遥かに珍しかったグリーンカード（外国人永久居留身分証）を２０１０年頃に中央公安部（警察庁）から授与されました。大学関係者も同様です。華東政法学院（現：華東政法大学）教授であった知人（当時）の勧めで、２０００年から２００５年まで同大学に寄付講座を設け、客員教授として日本法の講義の機会を頂戴しました。講義を中国語で行う必要があったので、私の中国語力が飛躍的にアップするきっかけになったものです。

香港に移り住んだ２００８年1月、外国人弁護士として登録させてくれる香港の法律事務所が必要になりました。そのときに、今なお香港弁護士（solicitor）として所属するLi & Partners（李偉斌律師行）のRobin Li（李偉斌）先生を紹介してくれたのも中央司法部です。Robin Li先生は新華社ご勤務の後、中国律師、香港弁護士、英国弁護士、ニューヨーク州弁護士となりました（中国全土でも他に例がないとお聞きしています）。毎年多数の中国企業をHKEX（香港証券取引所）で上場させる証券法関係の大家でありながら飾らないお人柄を持つ彼のことを、生涯の「大哥」（兄貴）として心から敬愛しています。

現在の私の仕事で圧倒的多数を占めるのも、香港を含む中国に関わる案件です。特に２０２３年下半期以降、中華系資本が日本に雪崩れ込んできており、その対応に追われています。一方で弁護士・税理士として中国語で日本の法律や税金の説明を行って彼らのために会社を設立し、他方で信託会社社長として特定受益証券発行信託という特殊な信託を利用した投資スキームの説明に明け暮れています。

限られた紙幅で何もかも説明するのは難しいですが、ここまで書いただけでも私と中国との深いご縁をご理解いただけるでしょう。しかし、この私ですら、言葉にできないほどお世話になった彼らにWeChatで時候の挨拶を送ることをやめてしまいました。繰り返しになりますが、2017年6月1日にネットワーク安全法が施行され、携帯電話やWeChatの完全実名制が強制化された後、時の経過とともに国家公務員である友人知人たちが外国人である私との交流に躊躇する様子を見てとることができたからです。それを察しながら、時代の変遷を感じ取ることなく身勝手に旧交を温めようとするのは、自分・友人双方を危険にさらす愚行以外の何物でもありません。広義のスパイ罪で訴追される場合の多くは、日本人・中国人の双方が時代の変遷を踏まえて現代中国で遵守すべき身のふるまい方の把握を怠ったことによるものではないか、というのが私の理解です。

この私の理解を皆さんと共有するために執筆したのが本書です。本書を執筆するのには相当の勇気が必要でした。本書で記載したとおり、私ごときしがない弁護士の言動であっても、国家安全当局が監視しているのはほぼ確実だからです。彼らが本書における私の言葉を中国の国益との関係で危険を及ぼすものだと思えば、私の身柄が拘束されたり、そこまで行かなくとも、上海を中心とする私のビジネスに悪影響が出たりするおそれもあります。多くの中国法専門家を自負する日本の弁護士がスパイ関係の知識を有しながら情報発信を控えるのは、その懸念があるからだろうと推測します。しかし、お金を支払えないクライアントをわが身の危険を顧みずに救いに行ったボスと大先輩の中国律師のような英雄的行動をとる大先生がいた大江橋事務所で育った私としては、怖いから本書を出さないという選択肢はありませんでした。本書が少しでもスパイ問題に悩む日本企業、日系企業、日本人駐在員などの皆さんのお役に立てればと思います。

最後に、日本政府にも邦人保護のために本気で体質改善してほしいと思います。１９９６年当時の上海総領事館の邦人保護を軽視する態度も問題ですが、それだけでなく、中国との間で何かあっても日本政府は「中国政府に厳重に抗議した」と言うだけで、何ら成果が生み出せないのも大問題です。他国との関係でも同様です。私と同じ年だからという理由でずっと心配している横田めぐみさんも、ご両親がともに健在な間に戻ってきてほしいと切望していましたが、やはり日本政府はそれを実現することができませんでした。北朝鮮に残された他の拉致被害者も同様です。スパイ問題にしても、自国が中国と同じスパイ罪の法律を持ち、スパイ交換を持ち掛けて救出を図るくらいの大胆な戦略がとれなければ、厳重な抗議だけ繰り返したところで何の成果も獲得できるはずがありません。簡単に言えば、日本は中国にも北朝鮮にもロシアにも「厳重な抗議だけで何もできない無能国家」の烙印《らくいん》を押されているのです。

中国というのは極めて戦略的な国家なので、日本が弱ければどこまでもつけこんできますが（尖閣諸島奪取だけでなく、沖縄県の他の一部も奪取される未来があり得ます）、日本が強くなれば必ず常に友好的であろうとしてくれます。厳重な抗議、すなわち負け犬の遠吠えしかできない現状を早急に改め、スパイ関係だけでなくありとあらゆる局面で強国化を図り、私を含む日本国民が「日本人で良かった」と真のプライドを持つことができる国家となってほしいと願ってやみません。

なお、本書執筆にあたっては、幻冬舎メディアコンサルティング編集局の伊藤英紀さん、フリーライターの大澤美恵さんに大変お世話になりました。伊藤さんの緻密なスケジューリングと私の難解な文章をわかりやすい文章に見事転換してくださる大澤さんの高い能力がなければ、本書を世に出すことはできませんでした。衷心より感謝申し上げます。

二〇二四年八月三一日

村尾龍雄

村尾龍雄（むらお・たつお）

1964年生まれ。1990年京都大学卒業後、神戸市都市計画局土地区画整理部法務担当として3年勤務したのち、1995年弁護士登録(47期)。弁護士、司法書士、税理士等、15の異なる資格を有する専門家を含む総勢522人（2024年7月1日現在）を擁するキャストグローバルグループCEOであり、弁護士法人キャストグローバル代表弁護士、クロスボーダー不動産管理信託を志向するキャストグローバル信託株式会社代表取締役社長等を兼務する。イングランド法を母法とする香港ソリシターとして、香港法に限らず、広くコモン・ローを準拠法とする訴訟、仲裁、非訟事件も多数手掛ける。「JBIC中国レポート」での中国法コラムをはじめ、中国大陸法、香港法、コモン・ローに関する論文多数。

本書についての
ご意見・ご感想はコチラ

中国ビジネスに関わる人のための
「反スパイ法・スパイ罪」入門

2024年8月31日　第1刷発行

著　者　　村尾龍雄
発行人　　久保田貴幸

発行元　　株式会社 幻冬舎メディアコンサルティング
〒151-0051　東京都渋谷区千駄ヶ谷4-9-7
電話　03-5411-6440（編集）

発売元　　株式会社 幻冬舎
〒151-0051　東京都渋谷区千駄ヶ谷4-9-7
電話　03-5411-6222（営業）

印刷・製本　中央精版印刷株式会社
装　丁　　弓田和則

検印廃止

Printed in Japan
ISBN 978-4-344-94815-0 C0032
幻冬舎メディアコンサルティングＨＰ
https://www.gentosha-mc.com/